AVERTISSEMENT DE L'ÉDITEUR

L'opuscule que nous offrons aux botanistes, avait été fait depuis plusieurs années par l'auteur pour son propre usage afin de faciliter ses herborisations et celles de sa famille, et se rendre compte instantanément des plantes qu'il pouvait espérer rencontrer dans chacune des localités qui étaient le but de ses courses.

Au moment où le Congrès scientifique va se réunir, il a pensé que ces notes pourront être utiles aux nombreux botanistes qui viendront visiter notre contrée si fertile en ce genre, et simplifier leurs recherches en leur présentant, dans des listes spéciales à chaque station, les espèces de plantes les plus recherchées qui y croissent spontanément.

Il a fait ces listes d'après les itinéraires supposés que suivront MM. les botanistes du Congrès, et il s'est borné aux espèces les plus intéressantes qui ont été trouvées dans les lieux indiqués, car pour désigner toutes celles qui croissent dans l'Auvergne et qui existent dans l'herbier de l'auteur, il faudrait un fort volume, ce qui n'entre pas dans notre cadre.

P. PETIT

FLORE
D'AUVERGNE

Extrait du Catalogue de l'Herbier de GAUTIER-LACROZE
Pharmacien de 1re Classe, rue Ballainvilliers, 6,
à Clermont-Ferrand.
(Suivant l'ordre de la Flore française de Grenier et Godron.)

Liste des Plantes rares ou recherchées des Botanistes qui se trouvent
aux localités suivantes, rédigée :
1° D'après le Catalogue de MM. Lecoq et Lamotte ;
2° D'après nos propres herborisations
et d'après celles de plusieurs Botanistes qui ont bien voulu nous
en communiquer les résultats.

CLERMONT-FERRAND
IMPRIMERIE PIERRE PETIT, ÉDITEUR
Place de la Treille, 3.

FLORE D'AUVERGNE

Extrait du Catalogue de l'Herbier de GAUTIER-LACROZE

Pharmacien de 1re Classe, rue Ballainvilliers, 6,

à Clermont-Ferrand.

(Suivant l'ordre de la Flore française de Grenier et Godron.)

Liste des Plantes rares ou recherchées des Botanistes qui se trouvent
aux localités suivantes, rédigée :

1° D'après le Catalogue de MM. Lecoq et Lamotte ;

2° D'après nos propres herborisations
et d'après celles de plusieurs Botanistes qui ont bien voulu nous
en communiquer les résultats.

CLERMONT-FERRAND

IMPRIMERIE PIERRE PETIT, ÉDITEUR

Place de la Treille, 3.

1876

FLORE D'AUVERGNE

Vallée de Royat et Environs.

Anemone ranunculoides (Lin.) Prés en allant au bois. Mars, avr.
— *nemorosa* (Lin.) — et dans le bois. Avril.
— *montana*. (Hoppe.) Rochers élevés, puy de Montaudoux au Nord. Mai.
Trollius europœus. (Lin.) Prés de Montrodeix. Mai, juin.
Aconitum lycoctonum. (Lin.) Assez rare dans le bois. Juin, août.
Actœa spicata. (Lin.) Abonde dans le bois. Juin, juillet.
Berberis vulgaris. (Lin.) Dans les haies des vignes. Mai, juin.
Papaver argemone (Lin.) Dans les seigles. Juillet.
Fumaria vaillantii. (Lois.) Dans les cultures. Mai, juin.
Barbarea vulgaris. (Brown.) Puy de Châteix et env. Mai, juin.
— *intermedia*. (Boreau.) — Avril, juin.
Sisymbrium irio. (Lin.) Bords des chemins. Avril, juin.
Arabis hirsuta. (D. C.) Bois, prés. Juin, juillet.
— *turrita*. (Lin.) Bois. Mai, juin.
Cardamine impatiens. (Lin.) Bord des eaux. Mai, juin.
Lunaria rediviva. (Lin.) Rochers humides en allant au bois, au sud. Mai, Juin.
Draba muralis. (Lin.) Murs, champs arides. Mai, juin.
— *verna*. (Lin.) — Mars, avril.
Calepina corvini. (Desc.) Seigles, Villars, la Baraque. Mai, juin.
Biscutella lœvigata. (Lin.) Rochers, sables volcan. Juin, août.
Lepidium graminifolium. (Lin.) Chemins, champs. Juin, octobre.
— *draba*. (Lin.) — Mai, juin.

Helianthemum salicifolium. (PERS.) Sommet du puy de Montaudoux. Mai, juin.

— *polifolium (apenninum.)* (D. C.) Sommet des côteaux. Mai, juin.

Viola multicaulis. (JORD.) Sur les scories à la base de Gravenoire. Avril.

— *alba*. (BESS.)   —   Mars, avril.

— *scotophylla*. (JORD.)   —   Avril.

— *subcarnea*. (JORD.) Dans un petit pré à la base de Montaudoux. Avril.

— *gracilescens*. (JORD.) Fontanas.

Silene otites. (SM.) Collines arides. Mai, juillet.

Viscaria purpurea. (WIMM.) Grand rocher de St-Mart et ailleurs. Mai, juin.

Gypsophila vaccaria. (SIBTH.) Dans les blés et sainfoins. Juin, juil.

Dianthus sylvaticus. (HOPPE.) Bois de Royat au midi. Juin, août.

— *saxatilis*. (PERS.) Parmi les bruyères, au-dessus du bois. Juin, août.

Buffonia macrosperma. (GAY.) Oseraies au nord de Montaudoux. Juillet, août.

Mœhringia trinervia. (CLAIRV.) Lieux humides, Bois. Mai, juin.

Linum tenuifolium. (LIN.) Sur les hauteurs. Juin, juillet.

Malva moschata. (LIN.) Sur les hauteurs, à Villars. Juin, août.

Althœa hirsuta. (LIN.) Lieux incultes. Mai, juillet.

Geranium sylvaticum. (LIN.) Bois de Royat. Juin, juillet.

— *pheum*. (LIN.) Dans les prés. Mai, juin.

— *semiglabrum*. (JORD.) Rochers humides, mêlé au type. Mai, juin.

Erodium ciconium. (WILD.) Bords des chemins. Mai, juin.

— *cicutarium*. (LIN.)   —   Mai, août.

Hypericum montanum. (LIN.) Bois de Royat, Juin, août.

Impatiens noli me tangere. (LIN.) Bords des eaux. Juillet, août.

Rhamnus frangula. (LIN.) Bois de Royat. Avril, juin.

Medicago minima. (LAM.) Commune. Mai, juin.

Trigonella monspeliaca. (LIN.) Sur les rochers. Juin, juillet.

Trifolium incarnatum (Molineri). (LIN.) Cultivé. Juin, juillet.

— *rubens*. (LIN.) Puy de Montaudoux. Juin, juillet.

—   *medium*. (Lin.) Dans le bois de Royat.   —

—   *subterraneum*. (Lin.) Entre Chamalières et Royat.
        Avril, mai.

—   *glomeratum*. (Lin.)   —   Mai, juin.

—   *ochroleucum*. (Lin.) Prés secs, entre Chamalières et
        Royat. Juin, juillet.

—   *aureum*. (Poll.) Bois de Royat. Juin, juillet.

Vicia angustifolia. (D. C.) Moissons. Mai, juin.

— *pannonica* (Jacq.) (*purpurascens*.) (D. C.) Moissons. Mai, juil.

— *orobus*. (D. C.) Bois de Royat. Mai, juin.

Cracca monanthos. (G. G.) Dans les seigles. Avril, juin.

Lathyrus tuberosus. (Lin.) Bois.

—   *niger*. (Wimm.) Bois. (*orobus*.) Mai, juillet.

—   *angulatus*. (Lin.) Sur les hauteurs. Mai, juin.

Coronilla minima. (D. C.) Sur les rochers herbeux. Avril, mai.

—   *varia*. (Lin.)   —   Mai, juillet.

Hippocrepis comosa. (Lin.) Sur les rochers. Avril, juin.

Prunus insititia. (Lin.) Haies. Fleurs, mars, avril; fruits, juil-
        let, septembre.

—   *fruticans*. (Weih.) Haies à Montaudoux, nord; fleurs,
        avril; fruits, août, septembre.

—   *avium*. (Lin.) Bois. Fl. avril, mai: fr. juin, juillet.

—   *Padus*. (Lin.) — Mai.

Potentilla anserina. (Lin.) Bords des eaux, à Fontanas. Mai, juil.

Rubus. — Diverses espèces dans les bois et rocailles. Juin.

Rosa arvensis et autres. — Dans les haies et les bois. Juin.

Pyrus acerba. (D. C.) (Paradis). Chez les pépiniéristes et dans les
        haies. Fl. mai; fr. septembre.

Sorbus aucuparia. (Lin.) Bois de Royat. Fl. mai, juin; fr. sept., oct

—   *aria*. (Crantz.) Fl. mai; fr. septembre.

Amelanchier vulgaris. (Moench.) Sur les rochers élevés. Fl. avril,
        mai; fr. août.

Epilobium lanceolatum. (Seb.) Sur les scor. de Graven. Juil. août.

Herniaria glabra. (Lin.) Sur les hauteurs. Juin, septembre.

—   *hirsuta*. (Lin.)   —   —

Sedum maximum. (Suter.) Sur les rochers. Août.

—   *annuum*. (Lin.) Fontanas. Juin, août.

— *dasyphyllum*. (LIN.) Rochers, vieux murs. Juin, juillet.

— *reflexum*. (LIN.) Vignes, lieux pierreux. Juillet, août.

— *elegans*. (LIN.)　　　　—　　　　Gravenoire. Juin, juil.

Umbilicus pendulinus. (D. C.) Fentes de rochers à l'entrée du bois de Royat, Est. Mai, juin.

Saxifraga tridactylites. (LIN.) Rochers, vieux murs. Mars, avril.

— *hypnoides*. (LIN.)　　　　—　　　　Mai, juin.

Turgenia latifolia. (HOFFM.) Moissons. Juin, août.

Laserpitium latifolium. (LIN.) Bois de Royat. Juillet, août.

Peucedanum alsaticum. (LIN.) Sommet de Montaud. Juil., août.

— *cervaria*. (LAP.) Côteaux incultes, sommet de Chanturgues. Juillet, août.

Pastinaca sativa. (LIN.) Dans les vignes au bas de Montaudoux. Juillet, août.

Silaus pratensis. (BESS.) Prés humides. Montaudoux au sud. Juillet, août.

Seseli montanum. (LIN.) Côteaux calcaires. Août, septembre.

— *coloratum*. (EHRH.) Côteaux calcaires, roch. de Land. Août.

— *Libanotis*. (KOCH.) Bois de Royat. Juillet, août.

Buplevrum falcatum. (LIN.) Abonde à Montaudoux. Août, octob.

Pimpinella magna. (LIN.) Prés à Fontanas. Mai, juin.

Bunium carvi. (BIEB.) Dans les prés. Avril, mai.

Œgopodium podagraria. (LIN.) Prairies. Mai, juillet.

Falcaria rivini. (HOST.) Valière, Montaudoux. Juillet, août.

Apium graveolens. (LIN.) Fossés des Salins près Clermont. Juillet, septembre.

Anthriscus vulgaris. (PERS.) Haies, lieux incultes. Mai, juin.

Conopodium denudatum. (KOCH.) Bois de Royat. Juin, juillet.

Conium maculatum. (LIN.) Décombres. Juillet, août.

Astrantia major. (LIN.) Bois de Royat. Juin, août.

Adoxa moschatellina. (LIN.) Haies, près du pré Thibaud. Mars, av.

Viburnum opulus. (LIN.) Bois de Royat. Fl. Juin; fr. septembre.

Lonicera etrusca. (SANTI.) Montaudoux, au nord. Juin, août.

Rubia tinctorum. (LIN.) Cultivée en grand à Sarliève. Mai, juin.

Galium montanum. (VILL.) A Gravenoire. Juin.

Crucianella angustifolia. (LIN.) Sur le chemin de Fontanas, au-dessus de Châteix. Juin.

Centranthus ruber. (D. C.) Cultivé dans les jardins. Mai, août.

Valeriana dioica. (Lin.) Prés tourbeux de Charade attenant au bois de Royat. Mai, juin.

Valerianella carinata. (Lois.) Lieux cultivés. Avril, mai.

Dipsacus laciniatus. (Lin.) Bords du ruisseau entre Royat et Chamalières. Juillet.

Cephalaria pilosa. (Gr. God.) Bords du ruisseau entre Royat et Chamalières. Juillet.

Scabiosa pratensis. (Jord.) Prairies de Fontanas. Juillet, août.

— *succisa.* (Lin.) Bois de Royat. Juillet, août.

Petasites albus. (Goertn.) Petite mare dans le bois de Royat près l'ancien chemin au sud. Avril, mai.

Solidago virgo aurea. (Lin.) Bois de Royat. Juin, août.

Aster amellus. (Lin.) Montaudoux au nord dans les oseraies et broussailles. Août, octobre.

Doronicum pardalianches. (Willd.) au bois de Royat. Mai, juin.

— *austriacum.* (Jacq.) Com. au bois de Royat. Juin, août.

Senecio cacaliaster. (Lam.) Bois, plus commun au bois de Fomagny. Juillet, août.

Artemisia campestris. (Lin.) Sur les rochers. Juillet, août.

Tanacetum vulgare. (Lin.) Bords des vignes à l'est de Châteix. Juin, août.

Bidens cernua (Lin.) Fos., lieux hum. à Montrodeix. Juil. oct.

Inula conysa. (D. C.) Lieux arides, chemins. Juin, août.

— *salicina.* (Lin.) Dans le bois. Juin, août.

Gnaphalium uliginosum. (Lin.) Champs sablonneux. Juin, août.

— *sylvaticum.* (Lin.) Bois de Royat. Juin, septembre.

Micropus erectus. (Lin.) Sommet de Montaudoux. Juin, juillet.

Calendula arvensis. (Lin.) Dans les vignes. Juin, septembre.

Cirsium erisithales. (Scop.) Bois de Royat.

Centaurea nigra. (Lin.) Prés. Juillet, août.

— *solstitialis.* (Lin.) Dans les cultures. Juillet, septembre.

Kentrophyllum lanatum. (D. C.) Bords des chemins. Juillet, août.

Serratula tinctoria. (Lin.) Bois de Royat. Juillet, août.

Carlina acanthifolia. (All.) Au sud du puy de Montaudoux. Juin, août.

Xeranthemum inapertum. (WILLD.) Lieux arides. Juin, juillet.
— *cylindraceum.* (SIBTH.) Abondant au sommet de Chan-
turgues. Mai, Juin.
Hypocheris maculata. (LIN.) Prés. Juin, août.
Scorzonera humilis. (LIN.) Cultures. Mai, juin.
Podospermvm laciniatnm. (D. C.) Cultures. Juin, août.
Tragopogon pratensis. (LIN.) Prairies. Mai, juin.
— *crocifolius.* (LIN.) Vignes, puy Long. Juin, juillet.
— *major.* (JACQ.) Cultures. Juin, juillet.
Condrilla juncea. (LIN.) Champs sablonneux. Juin, juillet.
Lactuca condrillæflora. (BOR.) Champs sablonneux. Août, sept.
— *plumieri.* (GR. GOD.) Bois de Fomagny.
Prenanthes purpurea. (LIN.) Bois de Royat.
Crepis setosa. (HALL.) Bords des chemins. Juillet, août.
— *fœtida.* (LIN.) Bords des chemins. Juin, août.
— *biennis.* (LIN.) Prés, côteaux. Mai, juin.
— *pulchra.* (LIN.) Côteaux, vignes. Mai, juillet.
Hieracium firmum. (JORD.) Dans le bois.
Andryala sinuata. (LIN.) (*integrifolia.*) Bords du chemin de Fon-
tanas, plus haut que le puy de Châteix. Juillet, août.
Jasione perennis. (LAM.) Sur les côteaux au-dessus de Royat.
Juin, août.
Phyteuma spicatum. (LIN.) Prés, bords des chemins. Juin, juil.
Vaccinium myrtillus. (LIN.) Dans les rochers élevés. Juil. août.
Primula elatior. (JACQ.) Prés sous le bois de Royat. Mars, mai.
Androsace maxima. (LIN.) Sous la tour de Montrognon au sud.
Avril, mai.
Lysimachia nummularia. (LIN.) Bords des fossés. Juin, juillet.
— *nemorum.* (LIN.) Bords du ruisseau du bois de Royat.
Anagallis arvensis. (LIN.) Fl. bleues et rouges, cult. Juin, oct.
Vinca minor. (LIN.) Dans les haies. Mars, juin.
— *major.* (LIN.) Dans les jardins. Mars, juin.
Vincetoxicum officinale. (MOENCH.) Lieux pierreux. Juin, août.
Erythræa pulchella. (HORN.) Lieux humides. Juin, septembre.
Gentiana lutea. (LIN.) Bois. Juillet, août.
Menyanthes trifoliata. (LIN.) Prés marécageux. Avril, mai.
Cuscuta europœa. (LIN.) Bords des chemins. Juin, août.

Symphytum officinale. (Lin.) Bords des prés. Mai, Juin.

Lithospermum officinale. (Lin.) Dans les cultures. Mai, juin.

Myosotis palustris. (Wither.) Prés marécageux, Charade. Mai, juillet.

— *stricta.* (Link.) Avril, mai.

— *hispida.* (Schlecht.) Sur les côteaux secs. Mai, juin.

— *versicolor.* (Pers.) — —

— *balbisiana.* (Jord.) Côteaux granitiques. Mai, juin.

Cynoglossum pictum. (Art.) Mai, juin.

— *officinale.* (Lin.) Bords des chemins. Mai, juin.

Lycium barbarum. (Lin.) Dans les haies. Juin, août.

Physalis alkekengi. (Lin.) Bords des vignes, sous Montaudoux. Juin, juillet.

Verbascum. Plusieurs espèces et hybrides. Çà et là. Juil., août.

Antirrhinum majus. (Lin.) Vieux murs. Juin, juillet.

Anarrhinum bellidifolium. (Desf.) Rochers près du pré Thibaud. Juin, août.

Linaria arvensis. (Desf.) Bois de Villars. Juin, août.

Euphrasia officinalis. (Lin.) Pelouses, bords des bois. Juin, août.

Odontites serotina. (Rehb.) Champs, moissons. Juillet, août.

Pedicularis palustris. (Lin.) Prés maréc., Charade. Mai, juil.

— *sylvatica.* (Lin.) Bois humides. Mai, juillet.

Melampyrum cristatum. (Lin.) Côt. incultes, bois, Juin, août.

Anchusa italica. (Ketz.) Dans les cultures. Mai, juin.

Orobanche epithymum. (D. C.) Sur les racines du *Thymus.* Juin, juillet.

— *amethystea.* (Thuill.) Sur les racines de *l'Eryngium*, à Montaudoux. Juin, juillet.

— *hederæ.* (Vauch.) Sur les racines de lierre, à Châteix. Juin, juillet.

Mentha sylvestris. (Lin.) Bords des eaux. Juillet, août.

— *arvensis.* (Lin.) Lieux humides. Juillet, août.

Satureia hortensis. (Lin.) Dans les vignes, plante subspontanée. Juillet, septembre.

Calamintha officinalis. (Moench.) Bords des chem. Juil. août.

— *menthæfolia.* (Host.) Chemin derrière les Roches Galoubies. Juin, septembre.

Nepeta cataria. (Lin.) Bords des chemins. Juin, août.
Lamium galeobdolon. (Crantz.) Bois de Royat. Mai, juin.
Stachys germanica. (Lin.) Côteaux calcaires. Juillet, août.
— *alpina.* (Lin.) Dans les bois. Juillet, août.
Betonica officinalis. (Lin.) Bois. Juin, août.
Melittis melissophyllum. (Lin.) Bois de Royat. Juin. août.
Brunella alba. (Poll.) Côteaux. Juin, août.
Ajuga genevensis. (Lin.) Prés, bois. Mai, juin.
— *chamæpitys.* (Schreb.) Champs incultes. Juin, octobre.
Armeria plantaginea. (Willd.) Villars, la Baraque. Juil., sep.
Amaranthus retroflexus. (Lin.) Juillet, septembre.
Daphne mezereum. (Lin.) Bois de Royat. Février, avril.
Thesium humifusum. (D. C.) Sur les côteaux. Juin, juillet.
Aristolochia clematitis. (Lin.) Dans les haies. Mai, juin.
Ulmus effusa. (Willd.) Sur les routes et boulev. Mars, avril.
— *montana.* (Smith.) Bois de Royat. Mars, avril.
Parietaria erecta. (Boreau.) Divers lieux. Juin, juillet.
— *diffusa.* (Koch.) Vieux murs, décombres. juil. oct.
Quercus sessiliflora. (Sm.) Fl. avril, mai; fr. août, septemb.
— *pubescens.* (Willd.) Dans les bois. Fl. av., mai; fr. août, septembre.
— *pedunculata* (Ehrh.) Fl. avril, mai; fr. août, sept.
Carpinus betulus. (Lin.) Bois. Fl. avr., mai; fr. juil., août.
Lilium Martagon. (Lin.) Abonde au bois de Royat. Juin, juil.
Adenoscilla bifolia. (Gr. God.) Fourrés en avant du bois de Royat, Villars. *Scilla bifolia.* (Lin.) Avril, mai.
Ornithogalum umbellatum. (Lin.) Çà et là dans les blés. Avr., mai.
Gagea lutea. (Schult.) Bois de Royat, près des eaux. Avr., mai.
Muscari racemosum. (D. C.) Vignes à Montaudoux. Avr., mai.
Phalangium liliago. (Schreb.) Royat et Beaumont. Mai, juin.
Paris quadrifolia. (Lin.) Bois de Royat. Mai.
Polygonatum vulgare. (Desf.) Mai, juin.
— *multiflorum.* (All.) Mai, juin.
Convallaria maialis. (Lin.) Bois de Royat. Mai, juin.
Maianthemum bifolium. (D. C.) — Mai, juin.
Narcissus pseudo narcissus. (Lin.) Bois de Royat, à l'est. Mars, avril.

Spiranthes autumnalis. (Rich.) Pacages entre Royat et Villars. Août, octobre.

Orchis latifolia. (Lin.) Dans les prairies marécageuses. Mai, juin.

Luzula multiflora. (Lej.) Dans les bois. Mai, juin.

— *maxima.* (D. C.) — Mai, juin.

Carex digitata. (Lin.) — Avril, mai.

— *gynobasis.* (Vill.) Montaudoux. Mars, avril.

— *remota.* (Lin.) Dans le bois de Royat. Mai, juin.

— *ericetorum.* (Pall.) Pelouses et bruyères. Avr., mai.

— *schreberi.* (Schr.) Bords des chemins. Avril, mai.

Anthoxanthum puellii. (Lecoq et Lamotte.) Dans les blés des montagnes. Juin, juillet.

Alopecurus geniculatus. (Lin.) Lieux humides. Mai, août.

Panicum glabrum. (Gaud.) Cultures. Juillet, octobre.

Andropogon ischæmum. (Lin.) Côt. calcaires. Juin, août.

Calamagrostis arundinacea. (Roth.) Bois montagneux. juillet, août.

Milium effusum. (Lin.) Bois. Mai, juillet.

Corynephorus canescens. (Koch.) Lieux sablonneux. Juillet, août.

Aira multiculmis. (Dum.) Côteaux granitiques, entre Royat et Fontanat. Juin, juillet.

Deschampsia cœspitosa. (P. Beauv.) Prés, bois. Juin, juillet.

Ventenata avenacea. (Kel.) (*Avena tenuis, Mœnch*). Lieux stériles. Juin.

Avena pratensis. (Lin.) Juin, juillet.

Kœleria cristata. (Pers.) Sur les côteaux. Juin, juillet.

— *setacea.* (Pers.) — Juin. juillet.

Glyceria distans. (Wahlemb.) Mai, juin.

Poa trivialis. (Lin.) Prairies au-dessous de Fontanat. Juin, juil.

Melica ciliata. (Lin.) Lieux stériles. Juin, juillet.

— *magnolii.* (God. et Gr.) Lieux stériles. Avril, mai.

— *uniflora.* (Retz.) Bois de Royat. Juin, juillet.

Vulpia pseudomyuros. (Soy. Willm.) Lieux sablon. Mai, juin.

— *sciuroides.* (Gmel.) — —

Vulpia myuros. (Rehb.) Lieux sablonneux. Mai, juin.

Festuca heterophylla. (Lam.) Dans le bois. Juin, août.
— *tenuifolia.* (Sibth.) Plusieurs espèces, çà et là. Mai, juin.
Bromus asper. (Lin.) Dans le bois. Juin, juillet.
Nardurus tenellus. (Rehb.) Lieux arides. Mai, juillet.
— *Lachenalii.* (God.) — —
Polypodium dryopteris. (Lin.) Vieux murs, rochers humides. Juin, septembre.
Cystopteris regia. (Koch.) Rochers humides, été.
Scolopendrium. (Off.) Le long du ruisseau, au-dessous de Fontanat. Juin, été.
Blechnum spicant. (Roth.) Près des roues des moulins.
Equisetum hyemale. (Lin.) Lieux humides au bois de Royat. Mars, mai.

Puy de Dôme.

Anemone ranunculoides. (Lin.) Mai, juin.
Ranunculus platanifolius. (Lin.) Pentes herbeuses au nord. Mai, août.
Isopyrum thalictroides. (Lin.) Clairières. Avril, mai.
Aconitum lycoctonum. (Lam.) Dans le bois. Juillet, août.
Thlaspi vulcanorum. (Lamotte.) Mai, juin.
Viola sudetica. (Willd.) Pelouses, clairières. Mai, juillet.
Lychnis viscaria. (Lin.) Mai, juin.
Dianthus monspessulanus. (Lin.) Dans le bois. Juillet, août.
— *sylvaticus.* (Hopp.) Dans le bois.
Radiola linoides. (Gmel.) Sable volcanique à la base du puy. Juin, octobre.
Hypericum microphyllum. (Jord.) Petit puy de Dôme.
Geranium sylvaticum. (Lin.) Dans le bois. Juin, août.

Geranium pheum. (LIN.) Dans les prés. Mai, juin.

— *sanguineum*. (LIN.) Sur les rochers. Juin, juillet.

Vicia orobus. (LIN.) Pentes du sommet. Juin, juillet.

Orobus niger. (LIN.) Dans le bois. Mai, juin.

Potentilla aurea. (LIN.) Pelouses.

— *fajineicola*. (LAMOTTE.) Pentes. Juin, juillet.

Rubus godroni. (LAMOTTE.) Base du puy et à Orcines. Juin, juil.

Rubus fastigiatus. (WEIK et NEK.) Bois à la base de puy. Juillet.

Rubus saxatilis. (LIN.) Pentes près du sommet. Juin, Jnillet.

Rosa rubrifalia. (WILL.) Dans le bois. —

Rosa pomifera. (HERM.) Dans le bois. Juin, juillet.

Alchemilla alpina. (LIN.) Pelouses sèches. Juin, juillet.

— *hybrida*. (HOFFM.) — —

Saxifraga hypnoides. (LIN.) Pentes humides. Mai, juillet.

Meum athamanticum. (JACQ.) Paturages. Juin, juillet.

Libanotis montana. (ALL.) Petit Puy de Dôme Juillet, août.

Lonicera alpigena. (LIN.) Près du Nid de la Poule. Juin.

Valeriana tripteris. (LIN.) Fentes des rochers. Juin, juillet.

Knautia longifolia. (KOCH.) Bois, paccages. Juillet, août.

Adenostyles albifrons. (REHB.) Pentes nord. Juillet, août.

Senecio cacaliaster. (LAM.) Dans le bois. —

Cineraria spatulœfolia. (GMIEL.) Dans le bois, au sud-est. Mai, juin.

Mulgedium plumieri. (D. C.) Dans le bois. Juillet, août.

Prenanthes purpurea. (LIN.) — —

Cirsium palustri-erysithales. (NOEG.) Bois de Fomagny.

Phyteuma hemisphericum. (LIN.) Pel. au sommet. Juil. août.

— *orbiculare*. (LIN.) Pelouses, clair. du bois. Juin, août.

Vaccinium uliginosum. (LIN.) Pentes du sommet. Mai, juin.

Pyrola rotundifolia. (LIN.) Paccages, clairières. Juin, juillet.

Pulmonaria azurea. (BESS.) Pentes, Nid de la poule. Mai, juin.

Pedicularis foliosa. (LIN.) Juin, juillet.

Daphne laureola (LIN.) Dans le bois, (abonde à Côme.) fév., avr.

Thesium alpinum. (LIN.) Pelouses. Juin, août.

Euphorbia hyberna. (LIN.) Dans le bois. Mai, juin.

Ulmus montana. (SMITH.) — Avril, mai.

Salix phylicifolia. (Lin.) Pentes nord. Mai, juillet.
Veratrum album. (Lin.) Pacages. Juillet, août.
Lilium martagon. (Lin.) Dans le bois. Juin, juillet.
Scilla lilio-hyacinthus. (Lin.) — Mai, juin.
Ornithogalum sulfureum. (Schult.) Bois de Fomagny. Mai, juin.
Allium ursinum. (Lin.) — —
Allium victoriale. (Lin.) — Juin, juillet.
Convallaria verticillata. (Lin.) — —
Maianthemum bifolium. (D. C.) — Mai, juillet.
Crocus vernus. (All.) Pentes est. Avril, mai.
Orchis chloranta. (Cust.) Clairières du bois. Mai, juin
Luzula maxima. (D. C.) Dans le bois. —
— *spicata.* (D. C.) Au sommet. Juin, juillet.
Lycopodium selago. (Lin.) Rochers mousseux, près du sommet.
Juillet, août.
Carex polyrrhiza. (Wallr.)
Carex pilosa. (Scop.) Dans le bois de Faumanie.
Botrychium lunaria. (Sw.) Pentes herbeuses.

Puy de Pariou.

Thlaspi vulcanorum. (Lamothe.) Dans le bois. Mai, juillet.
Dianthus superbus. (Lin.) Juillet août.
Radiola linoïdes. (Gmel.) Sables, bruyéres à la base. Juil. sept.
Geranium sylvaticum. (Lin.) Dans le bois. Juin, juillet.
— *nodosum.* (Lin.) Dans l'ancien cratère. Juin, juillet.
Rosa pomifera. (Herm.) Juin, juillet.
Meum athamamticum. (Jacq.) Juin, juillet.
Astrantia major. (Lin.) Juin, août.
Lonicera nigra. (Lin.) Mai, juin.
Valeriana tripteris. (Lin.) Fentes des rochers. Mai, juillet.

Knautia sylvatica. (Duf.) Juin, août.
Doronicum austriacum. (Jacq.) Juillet, août.
Senecio cacaliaster. (Lam.)   —
Cineraria spathulœfolia. (Gmel.)Mai, juin.
Hypochœris maculata. (Lin.) Juillet, août.
Pyrola rotundifolia. (Lin.) Bruyères. Juin, juillet.
Pulmonaria azurea. (Bess.) Mai, juin.
Pedicularis foliosa. (Lin.) Juin, juillet.
Euphorbia hyberna. (Lin.) Mai, juin.
Scilla lilio-hyacinthus. (Lin.) Mai, juin.
Allium victoriale. (Lin.) Juin, juillet.
Polygonatum verticillatum. (All.) Juin, juillet.
Orchis viridis. (Crantz.) Juin, juillet.
Juncus capitalus. (Veig.) A la Fontaine du Berger. Mai, juillet.
Luzula maxima. (D. C.) Mai, juin.
Poa sudetica. (Hoenck.) Juin, juillet.
Botrychium lunaria. (Sw.) Mai, juillet.

Puy de Côme.

Anemone ranunculoides. (Lin.) Mai, juin.
Trollius europœus. (Lin.)   —
Meconopsis cambrica (Vig.) Juin, juillet.
Dentaria pinnata. (Lam.) Avril, mai.
Thlaspi vulcanorum. (Lamotte.) Mai, Juillet.
Viola sudetica. (Willd.)   —
Lychnis viscaria. (Lin.) Mai, juin.
Stellaria nemorum. (Lin.) Juin, août.
Geranium sylvaticum. (Lin.) Juin, juillet.
   — *nodosum*. (Lin.) Mai, août,
Hypericum linearifolium. (Vahl.) Juillet, août.

Acer platanoides. (LIN.) Avril, mai.

Lathyrus platyphyllus. (LIN.) Rochers dans le bois. Juin, juil.

Prunus padus. (LIN.) Mai.

Potentilla aurea. (LIN.) Juin, août.

Rosa rubrifolia. (VILL.) Juin, juillet.

   — *pomifera.* (HERM.)   —

Ribes petrœum. (WULF.) Dans la cheire. Mai, juin.

Meum athamanticum. (JACQ.) Juillet, août.

Libanotis montana. (ALL.)   —

Astrantia major. (LIN.)   —

Sambucus raemosa. (LIN.) Fl. avril, mai; fr. août.

Lonicera nigra. (LIN.) Dans la cheire. Mai, juin.

Valeriana tripteris. (LIN.)   —

Knautia sylvatica. (DUBY.) Juin, août.

Knautia longifolia. (KOCH.) Dans la cheire. Juillet, août.

Doronicum austriacum. (JACQ.)   —

Arnica montana. (LIN.) Juin, juillet.

Senecio cacaliaster. (LAM.) Juin, août.

Centaurea montana. (LIN.)   —

Carlina cynara. (POUW.) RRR. Bruyères à l'ouest. Août, sept.

Hypochœris maculata. (LIN.) Juin, juillet.

Mulgedium plumieri. (D. C.) Juillet, août.

Prenanthes purpurea. (LIN.)   —

Crepis succisœfolia. (TAUSCH.) Pentes. Juillet, août.

Pyrola rotundifolia. (LIN.) Juin, juillet.

   — *minor.* (LIN.)   —

Pulmonaria azurea. (BESS.) Mai, juin.

Atropa belladona. (LIN.) Dans le bois, versant nord. Juin, juil.

Pedicularis foliosa. (LIN.) Juin, juillet.

Stachys arvensis. (LIN.) Autour du lac. Juillet, août.

Daphne mezereum. (LIN.) Avril, mai.

   — *laureola.* (LIN.) Mars, avril.

Euphorbia hyberna. (LIN.) Mai, juin.

Phyteuma orbiculare. (LIN.) Juin, août.

Scilla lilio-hyacinthus. (LIN.) Mai.

Allium ursinum. (LIN.) Mai, juin.

   — *victoriale.* (LIN.) Juin, juillet.

Convallaria verticillata. (LIN.) Juillet, août.
Epipactis ensifolia. (SW.) Mai, juin.
Neottia nidus avis. (RICH.) Juillet, août.
Orchis viridis. (CRANTZ.) Pentes herbeuses. Juin, juillet.
— *nigra.* (SCOP.) RRR. Au sommet. Juin, juillet.
Luzula maxima. (D. C.) Mai, juin.
Botrychium lunaria. (SW.) Mai, juillet.

Pontgibaud, bords de la Sioule, bois de la Chartreuse près Saint-Jacques-d'Ambur.

Meconopsis cambrica. (VIG.) A Barbecot. Juin, juillet.
Corydalis claviculata. (D. C.) Bords de la Sioule, bois. Juin, sept.
Hesperis matronalis. (LIN.)   —   Mai, juin.
Stellaria nemorum. (LIN.) Bois. Juin, août.
Spergula pentendra. (LIN.) Juillet, août.
Acer monspessulanum. (LIN.) Brouss., Chateauneuf. Mars, avr.
Trifolium subterraneum. (LIN.) Mai, juin.
Sedum hirsutum. (ALL.) Grottes de Pranal. Juin, juillet.
Sempervivum arachnoideum. (LIN.) A Chalusset. Juin, août.
Cirsium anglicum. (LOB.) Rochers. Juin, août.
Gentiana cruciata. (LIN.) Juillet, août.
Anthoxanthum puelii. (LECOQ et LAMOTTE.) (BOR.) Pontgibaud, Saint-Jacques. Juin, juillet.
Scutellaria minor. (LIN.) Sources, prés tourbeux. Juillet, août.
Salix pentendra. (LIN.) Mai, juin.
Atropa belladona. (LIN.) Bois de la Chartreuse. Juin, juillet.
Eragrostis pilosa. (P. B.) Sables de la Sioule. Juin, juillet.

Osmunda regalis. (Lin.) Prairies tourbeuses. Mai, juin.
Equisetum ramosum. (Schl.) Sables de la Sioule. Juin, juillet.
Carex pulicaris. (Lin.) Prairies. Mai, juillet.
Utricularia minor. (Lin.) Dans des flaques d'eau sur les bords
    de la Miouse.
Polemonium cœruleum. (Lin.) Parmi les rochers de la Cheire, çà
    et là dans le parc.

Environs de Clermont-Ferrand.

Sisymbrium irio. (Lin.) Bords des chemins. Juillet, septem.
Saponaria vaccaria. (Lin.) Dans les blés et sainf. Juin, juillet.
Althœa cannabina. (Lin.) Sentier de la Pradelle à Herbet. Juil-
    let, août.
Sedum maximum. (Sut.) Sur les rochers. Juillet, septembre.
Peucedanum alsaticum. (Lin.) Bords des vignes. Juillet, août.
Buplevrum fruticosum. (Lin.) Roc St-Amandin. Juin, juillet.
Apium graveolens. (Lin.) Fossés du Salins. Juillet, août.
Artemisia campestris. (Lin.) Roc St-Amandin. Septembre.
    — *pontica.* (Lin.) Rochers du pont de Naud. —
Inula bifrons. (Lin.) Bords des vignes. Juillet, août.
Helminthia echioides. (Goertn.) Luzernes près Montferrand.
    Juillet, septembre.
Barkausia setosa. (D. C.) Chemin allant à Chanturgues. RR.
    Juillet, août.
Asperugo proeumbens. (Lin.) Autour des fumiers du Salins.
    Mai, juin.
Datura stramonium. (Lin.) Décombres à Clermont. Juil., août.
    — *tatula.* (Lin.) — —
Orobanche hederœ. (Vauch.) Roc. au pont de Naud. Juin, juil.
Salvia sclarea. (Lin.) Dans quelques vignes. Juillet, août.

Salvia œthiopis. (Lin.) Chemin des Paulines à|Herbet. Juin, juil.
Atriplex rosea. (Lin.) Décombres, bords des chem. Juil., sept.
Gladiolus segetum. (Gawl.) Envir. de Montferrand. Avr., mai.
Scirpus maritimus. (Lin.) Fossés du Salins. Juillet, août.
Carex hordeostichos. (Vill.) Bords des fossés vers la gare. Mai, juin.
— *pseudo-cyperus*. (Lin.) Bords d'un fossé derrière Montferrand. Juin, juillet.
Glyceria distans. (Wahl.) Rases du Salins. Juin, juillet.
Poa dura. (Scop.) Prairie des Bughes, chemins. Mai.
Festuca rigida. (Kunth.) Rochers à l'Oradoux. Juin, juillet.
— *sciuroides*. (Roth.) Coursière du pic de Prudelles. —

Chanturgues, Var, bois de Blanzat, les Côtes, bois de Nohanent, Durtol et Chanat.

I.—Chanturgues.

Thalitrum montanum. (Wallz.) Sur le plateau. Juin, juillet.
Helianthemum salicifolium. (Pers.) — Mai, juin.
— *procumbens*. (Dun.) — Juin.
Polygala comosa. (Schk.) — Mai.
Linum tenuifolium. (Lin.) — Juin, juillet.
Genista tinctoria. (Lin.) Rochers au sud. Juillet, août.
Trigonella monspeliaca. (Lin.) Rochers. Mai, juin.
Trifolium subterraneum. (Lin.) Mai, juin.
Buplevrum aristatum. (Barth.) Juin, juillet.
Seseli glaucum, (Sang.) Lieux arides. Août, septembre.
Linosyris vulgaris. (D. C.) Cime à l'est. Août, septembre.

Aster amellus. (Lin.) Juin, août.
Xeranthemum inapertum. (D. C.) Juin, août.
—   *cylindraceum.* (Sibth.) Juin, août.
Tragopogon crocifolius. (Lin.) Bords des vignes. Juin, juillet.
Barkausia setosa. (D. C.) RR. Chemin montant à Chanturgues.
        Juin, août.
Crepis pulchra. (Lin.) Juin, juillet.
Convolvulus cantabrica. (Lin.) Cime des Sagotiers. Juin, juillet.
Phelipœa cœrulœa. (C. A. Meyer.) (Sur *l'Achillea millefolium.*)
        Juin, juillet.   •
Orobanche amethystea. (Thuill.) (Sur *l'Eryngium campestre.*)
        Juin, juillet.
Veronica spicata. (Lin.). Sur le plateau. Juillet, août.
Salvia sclarea. (Lin.) Dans quelques vignes. Juin, juillet.
Cephalanthera rubra. (Rick.) Broussailles. Juin, juillet.
—   *pallens.* (Rich.   —   Mai, juin.
Aceras hircina. (Lind.)   —   Juin, juillet.
Ophrys apifera. (Huds.)   —   Juin, juillet.

II.—*Puy de Var et bois de Blanzat au Nord.*

Camelina microcarpa. (Andr.) Sur le sommet. Mai, juin.
Viola subcarnea. (Jord.) Avril, mai.
Viola alba. (Bess.)   —
Aster amellus. (Lin.) Août, septembre.
Convolvulus cantabrica. (Lin.) Juin, juillet.
Cephalanthera ensifolia. (Rich.) Avril, juin.
—   *pallens.* (Rich.) Mai, juin.
—   *rubra.* (Rich.) Juin, juillet.
Epipactis latifolia. (All.) Juillet, août.
—   *microphylla.* (Sw.) Juin, juillet.
—   *viridiflora.* (Hoffm.) Juillet.
Aceras antropophora. (R. B.) Bois de Blanzat. Mai.
Orchis fusca. (Jacq.) *purpurea.* (Huds.) Vallon nord. Mai.
Ophrys apifera. (Huds.) Juin, juillet.

III. — Côtes et Bois de Nohanent au Nord.

Trifolium glomeratum. (LIN.) Mai, juin.
Lathyrus nissolia. (LIN.) Juin, juillet.
   —   *latifolium.* (LIN.) Haies au Maupas.
Arctostaphyllos uva ursi. (SPRENG.) Dans le bois. Avril, mai.
Veronica spicata. (LIN.) Juillet, août.
Anthericum liliago. (LIN.) Mai, juin.
Cephalanthera pallens. (RICH.) Juin, juillet.
      —   *rubra.* (RICH.)   —
Epipactis microphylla. (SW.)   —
   —   *viridiflora.* (HOFFM.)   —

IV. — Durtol, Chanat.

Vicia purpurascens. (D. C.) Mai, juin.
Ervum ervillia. (LIN.) Mai, juin.
Xeranthemum inapertum. (D. C.) Juin, avril.
    —   *cylindraceum.* (SBILH.) Juin, avril.
Hieracium rigidum. (HARTM.) Juin, juillet.
Pulmonaria azurea. (BESS.) Dans le bois. Mai. juin.
Cephalanthera ensifolia. (RICH.) Avril, juin.
    —   *pallens.* (RICH.) Mai, juin.
Orchis coriophora. (Lin.) Pré entre Durtol et l'Etang. Mai, juin.
Orchis sambucina. (LIN.) Pacages, bois. Mai, juin.
Carex montana. (LIN.) Dans le bois. Avril, juin.
Carex digitata. (LIN.)   —   —

V. — Puy de Chanat.

Lathyrus angulatus. (LIN.) Dans les seigles. Juin, juillet.
Montia minor. (GMEL.) Lieux humides. Mai, juillet.

Sedum villosum. (LIN.) Lieux humides. Juin, juillet.
Asperula odorata. (LIN.) Bois, Mai, juin.
Hypochœris maculata. (LIN.) Juillet, août.
Gagea lutea. (SCHULT.) Avril, mai.
Allium ursinum. (LIN.) Bois. Mai, juin.
Cephalanthera ensifolia. (RICH.) Avril, juin.
Neottia nidus avis. (RICH,) Juin, juillet.
Orchis ustulata. (LIN.) Mai, juin.
Luzula forsteri. (D. C.) Mai, juin.
Scirpus compressus. (PERS.) Bords des chemins. Mai, juillet.
   —   *bæothryon*. (EHRH.)   —   Juin, juillet.
Carex pilulifera. (LIN.) Bruyères au-dessous du village. Mai, juin.
Anthoxanthum puelii. Dans les seigles. Juin, juillet.

Puy de Crouël, puy Long, puy d'Anzelle.

Thalictrum montanum. (WALL.) Sommet. Juin, août.
Glaucium corniculatum. (CURT.) Mai, juin.
Isatis tinctoria. Var. *campestris*. (KOCH.) Crouel. Mai, juin.
Hutchinsia petræa. (BROWN.) Avril, mai.
Helianthemum salicifolium. (PERS.) Mai, juin.
Polygala comosa. (SCHK.) Crouel. Mai.
Buffonia macrosperma. (GAY.) Rocailles. Juillet, août.
Linum limanense. (LAMOTTE.) Sur les puys. Mai, juin.
Malva fastigiata. (CAV.) Broussailles à Crouel. Juillet, août.
Althœa cannabina. (LIN.)   —   —
Trigonella monspeliaca. (LIN.) Mai, juin.
Tetragonolobus siliquosus. (ROTH.) Bords des rases à Crouel.
   Mai, juin.
Astragalus hamosus. (LIN.) Sur les arkoses bitum. Mai, juin.

Astragalus monspessulanus. (Lin.) Sur les puys. Mai, juin.

Vicia serratifolia. (Jacq.) Bords des blés. Mai, juillet.

Lathyrus latifolius. (Lin.) Puy d'Anzelle. Juin, juillet.

Onobrychis supina. (D. C.) Puy long.   —

Peucedanum alsaticum. (Lin.) Bords des vignes. Juil., septem.

Œnanthe lachenalii. (Gmel.) Rase au nord de Crouel. Juin, juil.

Buplevrum aristatum. (Bapth.) Sur le tuf. Juin, juillet.

Falcaria rivini. (Host.) Bords des vignes. Juillet, août.

Trinia vulgaris. (D. C.) Mai, juin.

Lonicera etrusca. (Sant.) Broussailles. Juin, juillet.

Inula bifrons. (Lin.) Bords des vignes. Juillet, septembre.

Cirsium bulbosum. (D. C.) A Beaulieu, près Crouel. Juil., août.

Xeranthemum cylindraceum. (Smith.) Puy long. Juin, août.

Tragopogon crocifolius. (Lin.)   —   Juin, juillet.

Utricularia vulgaris. (Lin.) Fossés au nord de Crouel.   —

Erythræa pulchella. (Fries.)   —   —

Convolvulus cantabrica. (Lin.) Puy long. Juin, juillet.

  —   *lineatus.* (Lin.)   —   Sur les rochers au
    sud-ouest. Juin, juillet.

Orobanche galii. (Duby.) Sur l'*Asperula galioides.* Mai, juin.

  —   *amethystea.* (Thuill.) Sur *l'Eryngium campestre.*
    Juin, juillet.

Salvia œthiopis. (Lin.) Bords du chem. al. à Crouel. Juin, juil.

Stachys heraclea. (All.) Puy long, puy d'Anzelle. Juin, juillet.

Scilla au'umnalis. (Lin.) Sommet des puys. Juillet, août.

Allium flavum. (Lin.) Puy long, près du puy d'Anzelle. Juillet, août.

Aceras hircina. (G. G.) Broussailles à Puy long. Juin.

Carex gynobasis. (Vill.) Lieux herbeux, Puy long. Avril, mai.

  —   *hordeostichos.* (Vill.) Bords des fossés. Mai, juin.

Phleum asperum. (Vill.) Vignes à Puy long. Juin, juillet.

Kœleria valesiaca. (Gaur.) Crouel. Juin, juillet.

Poa dura. (Scop.) Chemin allant à Crouel. Mai.

  — *bœhmeri.* (Vrbel.) Crouel, Puy long. Juin, juillet.

Bromus maximus. (Bart.) Talus du chemin de fer. Juin, juil.

  —   *squarrosus.* (Lin.) Sommet de Crouel. Juin, juillet.

  —   *patulus.* (M. K.) Puy long. Juin, juillet.

Bords de l'Allier.

I. — Vers les eaux minérales entre les Martres-de-Veyre et le pont de Longues, au plateau Saint-Martial; à Sainte-Marguerite; aux eaux du Tambour.

Melilotus parviflorus. (Desf.) Autour des eaux minérales. Juin.

Trifolium maritimum. (Lin.) Sainte-Marguerite. Juin, juil.

   — subterraneum. (Lin.) Puy Saint-Romain. Juin, juil.

Colutea arborescens. (Lin.) Base du puy Saint-Romain. Mai, juin.

Rosa cinnamomea. (Lin.) Haies entre Sainte-Marguerite et Longues. Mai, juin.

Buplevrum tenuissimum. (Lin.) Eaux du tambour. Juin, juil.

Artemisia camphorata. (Vill.) Débris calcaires à la base de Saint-Romain. Septembre, octobre.

Glaux maritima. (Lin.) Eaux du Tambour. Mai, juin.

Teucrium montanum (Lin.) Puy Saint-Romain. Juin, août.

Plantago maritima. (Lin.) Sainte-Marguerite. Juillet. sept.

Rumex aquaticus. (Lin.) Bords d'Allier près les Martres-de-Veyre. Juillet, septembre.

Carex divisa. (Huds.) Autour des eaux minérales. Juin.

Chara crinita. (Walls.) Mare à Sainte-Marguerite. Mai, juin.

II. — Puy de Corent en amont du pont de Longues.

Saponaria ocymoides. (Lin.) Mai, juin.

Buffonia macrosperma. (Gay.) Juillet. août.

Onobrychis supina. (D. C.) Juin, juillet.
Buplevrum aristatum. (BART.) Juin, juillet.
Tragopogon crocifolius. (LIN.) Juin, juillet.
Salvia verbenaca. (LIN.) Base du puy. Juin, juillet.
— *horminoides.* (GG.) — —
Plantago carinata. (SCHR.) (*Serpentina.*) (KOCH.) Rochers aux
bords d'Allier. Juillet, août.
Ophrys arachnites. (REICHARD.) Prés. Juin, juillet.
Œgilops triuncialis. (LIN.) Flancs du puy, à l'est. Juin, juillet.

III. — Gondolle et Bellerive en face la gare du Cendre.

Ranunculus confusus. (G. G.) Mare d'eau ferrugineuse. Juin.
Bunias erucago. (LIN.) Près de Bellerive. Mai, juin.
Medicago ambigua. (PERS.) Plaine herbeuse sous Mirefleurs.
Mai, juin.
Trifolium subterraneum. (LIN.) Pelouses. Mai, juin.
Vicia lathyroides. (LIN.) Plaine herbeuse sous Mirefleurs. Mai,
juin.
Buplevrum fruticosum. (LIN.) A Bellerive. Juin, juillet.
Dipsacus pilosus (LIN.) (*Cephalaria.*) (G. G.) Juin, août.
Datura stramonium. (LIN.) Bellerive, Juillet, août.
Stachys ambigua. (SMITH.) Bords d'Allier sous Gondolle. Juin.
Rumex maritimus. (LIN.) Près du bois de Bellerive. Juil., août.
Polygonatum denudatum. (JORD.) Sables de l'Allier sous
Cournon. Juillet, septembre.
Iris fœtidissima. (LIN.) A Gondolle, dans les fourrés. Mai, juin.
Galanthus nivalis. (LIN.) Bords d'Allier. Bellerive. Fév., avril.
Tragus racemosus. (LIN.) Juillet, août.
Eragrostis medastachya (LIN.) Sables de l'Allier. Juillet, août.
— *pilosa.* P. d. Baure. Juillet, août.
Equisetum variegatum. (SCHLEICH.) Juin, juillet.
Ophioglossum vulgatum. (LIN.) Dans une prairie près du Cendre.
Juin, juillet.

IV. — Pont-du-Château.

Xanthium strumarium. (LIN.) Bords d'Allier. Juillet, septem.

Beta vulgaris. (LIN.) Sables arrosés par l'eau minérale sous le château. Juillet, août.

Rumex aquaticus. Bords d'Allier à Pont-du-Château. Juil., sep.

Polypogon monspeliensis. (DESF.) Rochers arrosés par l'eau minérale sous le château. Juin, juillet.

Phleum asperum. (VILL.) Sables de l'Allier entre Pont-du-Château et Cournon. Juin, juillet.

Bois et Marais de Lezoux.

(Station intéressante.)

Nymphœa alba. (LIN.) Etangs, mares. Juin, juillet.

Elatine alsinastrum. (LIN.) Etangs. Juin.

Malva intermedia. (BOR.) Haie entre Lezoux et la Molière. Juin, juillet.

Genista germanica. (LIN.) Dans le bois. Juin.

Trapa natans. (LIN.) Dans les étangs, Juin, juillet.

Sedum cepœa. (LIN.) Le long des haies. Juin, août.

Peucedanum parisiense. (D. C.) Dans le bois. Juillet, août.

Œnanthe phellandrium. (LAM.) Etangs. Juin, août.

Inula helenium. (LIN.) Dans le bois. Juillet, août.

Gnaphalium luteo-album. (LIN.) Le long des fos. Juil., août.

Campanula cervicaria. (LIN.) Bois. Juillet.

Erica vagans. (LIN.) Dans le bois. Juin, juillet.

Utricularia vulgaris. (LIN.) Etangs de Neyronde, de Crottes. Juin, juillet.

Hottonia palustris. (LIN.) Fossés, mares. Mai, juin.

Lithospermum purpureo-cerulœum. (LIN.) Bois. Mai, juin.

Linaria elatine. (DESF.) Lieux incultes. Juin, août.

Stachys arvensis. (LIN.) Champ près de la Molière. Juil., août.

Gladiolus illyricus. (KOCH.) Bois. Juillet.

Spiranthes autumnalis. (RICH.) Lezoux. Mai. juin.

Orchis ustulata. (LIN.) Cà et là dans les prés. Mai, juin.

Ophrys myodes. (JACQ.) (*muscifera*.) (HUDS.) Broussailles. Mai, juin.

Cyperus flavescens. (LIN.) Bois. Juillet, août.

Scirpus tabernœmontani. (GMEL.) Fossés, étangs. Juin, juillet.

Carex pulicaris. (LIN.) Lieux humides. Mai, juillet.

Carex pseudo-cyperus. (LIN.) Bords des étangs. Mai, juin.

Calamagrostis epigeios. (ROTH.) Bois. Juillet, août.

Gaudinia fragilis. (P. B.) Dans un champ près de la ville. Juin, juillet.

Marsilea quadrifolia. (LIN.) Etangs. Juin. juillet.

Pilularia globulifera. (LIN.) Etangs d'Orléat, de Ravel. Juin, juillet.

Marais de Marmillat, entre Lempdes et Aulnat

Sinapis incana. (LIN.) (*Hirschfeldia adpressa*. MOENCH.) Juil., août.

Lepidium latifolium. (LIN.) Juin, juillet.

Lepidium draba. (LIN.) Mai, juin.

Vicia serraifolia. (JACQ.) Bords des fossés. Mai, juillet.

Vicia purpurascens. (D. C.) Dans les blés. Mai, juin.

Hippuris vulgaris. (LIN.) Mai, juin.
Ceratophyllum submersum. (LIN.) Fossés. Mai, juillet.
Inula britannica. (LIN.) Juillet, août.
Cirsium bulbosum. (D. C.) Prés. Juillet, août.
Erythræa pulchella. (FRIES.) Juillet, août.
Myosotis cœspitosa. (SCHULTZ.) Mai, juin.
Teucrium scordium. (LAM.) Juillet, août.
Plantago maritima. (LIN.) Juillet, septembre.
Butomus umbellatus. (LIN.) Juin, juillet.
Orchis palustris. (JACQ.) Juin.
Juncus Gerardi. (LOIS.) Juillet, août.
Scirpus tabernæmontani. (GMEL.) Juin, juillet.
Carex schreberi. (SCHRANK.) Mai, juin.
Carex hordeostichos. (VILL.) Prés d'Aulnat.
Glyceria distans. (WAHL.) Juin, juillet.
Hordeum secalinum. (SCHREB.) Juin, juillet.
Ophyoglossum vulgatum. (LIN.) Juin, juillet.

Puy et Marais de Cœur.

A côté du chemin de fer en face Pompignat près Riom.

Myagrum perfoliatum. (LIN.) Près du puy. Mai, juin.
Lepidium ruderale. (LIN.) Mai, juillet.
Helianthemum salicifolium. (PERS.) Sur le puy. Mai, juin.
Reseda phyteuma. (LIN.) Trouvé une seule fois sur le puy au sud par J. Gautier fils en juin 1869.
Spergularia marginata. (FENZL.) Juillet.
Rhamnus catharticus. (LIN.) Juin, juillet.

Medicago orbicularis. (ALL.) Juin, juillet.

— *Gerardi*. (WILLD.) Mai, juin.

Astragalus hamosus. (LIN.) Sur le puy. Mai, juin.

Vicia serratifolia. (JACQ.) Bords des fossés. Mai, juillet.

Ceratophyllum submersum. (LIN.) Mai, juin.

— *demersum*. (LIN.) Mai, juin.

Buplevrum tenuissimum. (LIN.) Prés salés. Juin, août.

— *aristatum*. (BARTH.) Sur le puy. Juin, juillet.

Galium eminens. (G. G.) Bords des fossés. Juin, juillet.

Dipsacus laciniatus. (LIN.)   —   Août.

Inula helenium. (LIN.)   —   Juillet, août.

— *britannica*. (LIN.)   —   Juillet, août.

Taraxacum salsugineum. (LAMOTTE.) Avril. juin.

Cirsium bulbosum. (D. C.) Derrière le puy. Juillet, août.

Glaux maritima. (LIN) Bords des fossés. Mai, juin.

Asperugo procumbens. (LIN.) Mai, juillet.

Salvia œthiopis. (LIN.) Sur le puy au sud. Juin, juillet.

Plantago maritima. (LIN.) Juillet, septembre.

Polygonum bellardi. (ALL.) Terrains salés. Juillet, août.

Potamogeton compressum. (D. C.) Fossés. Juin, août.

Zanichellia pedicellata. (FRIES.) Août.

Juncus Gerardi. (LIN.) Juillet, août.

Scirpus tabernæmontani. (GMEL.) Fossés profonds. Juin, juillet.

Carex divisa. (HUDS.) Mai, juin.

Carex hordeostichos. (WILLD.) Bords des fossés. Mai, juin.

Butomus umbellatus. (LIN.) Juin, juillet.

Glyceria distans. (WALH.) Juin, juillet.

Hordeum secalinum. (SCHREB.) Juin, juillet.

Le Capucin, Cascade de la Vernière, Plateau de Bozat.

I. — Le Capucin.

Ranunculus platanifolius. (LIN.) Juin, juillet.

Meconopsis cambrica. (VIG.) Dans le bois. Juin, juillet.

Sisymbrium pinnatifidum. (D. C.) Lieux pierreux. Juillet, août.

Dentaria pinnata. (LIN.) Bois, près le rav. de Riau Grand. Mai, juin

Silene rupestris. (LIN.) Juillet, août.

Spiræa salicifolia. (LIN.) Vallon à l'ouest. Juin, juillet.

Rubus saxatilis. (LIN.) Juin, juillet.

Circæa intermedia. (EHRH.) Bois, vieux troncs. Juillet, août.

Circæa alpina. (LIN.) — Juillet, août.

Sedum fabaria. (KOCH.) Juillet, août.

Ribes petræum. (WULF.) Bois pierreux. Mai, juin.

Buplevrum longifolium. (LIN.) Pentes herbeuses. Juillet, août.

Senecio doronicum. (LIN.) Juillet, août.

Cirsium palus'ri-erisithales. (NOEGEL.) Juillet, août.

Leontodon pyrenaicum. (GOUAN.) Bois. Juillet, août.

Crepis grandiflora. (TAUSCH.) Juillet, août.

Pyrola secunda. (LIN.) Juillet, août.

Melampyrum sylvaticum. (LIN.) Bois. Juillet, août.

Rumex arifolius. (ALL.) Juillet, août.

Neottia cordata. (G. G.) Bois, vieux troncs. Juin, juillet.

Luzula desvauxii. (KUNTH.) Juillet, août.

Eriophorum alpinum. (LIN.) Ravins vers la scierie. Juillet, août.

Lycopodium selago. (LIN.) Rochers, bruyères hum. Juil., août.

II. — Cascade de la Vernière.

Cardamine resedifolia. (LIN.) Près des sources. Juillet, août.

Dentaria pinnata. (LIN.) Mai, juin.

Epilobium trigonum. (SCHRANK.) Juillet. août.

Petasites albus. (GOERTN.) Mai, juin.

Mulgedium alpinum. (LESSING.) Bois de sapins. Juillet, août.

Pyrola secunda. (LIN.) Juillet, août.

Plateau de Bozat près le Capucin.

Anemone alpina. (LIN.) Juin, juillet.

    —   Var. *sulfurea*. (LIN.) Juin, julllet.

Cardamine resedifolia. (LIN.) Bois, près des sources. Juil., août.

Cerastium alpinum. (D. C.) Pelouses. Juillet, septembre.

Genista Delarbroei. (LEC. et LAM.) Juillet, août.

Rubus saxatilis. (LIN.) Pentes rocailleuses. Juin, juillet.

Circæa intermedia. (EHRH.) Juillet, août.

    — *alpina*. (LIN.) Juillet, août.

Ribes petræum. (WULF.) Mai, juin.

Angelica pyrenæa. (SPRING.) Juillet, août.

Meum mutelliera. (GOERTN.) Mai, juin.

Libanotis montana, v. *minor*. Juillet, août.

Petasites albus. (GOERTN.) Mai, juin.

Leontodon pyrenaicum. (GOUAN.) Juillet, août.

Crepis grandiflora. (FAUSCH.) Juillet, août.

Pyrola secunda. (LIN.) Juillet, août.

Pulmonaria azurea. (BESS.) Mai, juin.

Pedicularis foliosa. (LIN.) Juin, juillet.

Melampyrum sylvaticum. (LIN.) Juillet, août.

Plantago alpina. (LIN.) Juin, août.

Juniperus nana. (WILLD.) Juillet, août.

Neottia cordata. (RICH.) Juin, juillet.

Luzula Desvauxii. (KUNTH.) Juillet, août.

Luzula sudetica. (D. C.) Juin, septembre.

Festuca nigrescens. (LAM.) Juillet, août.

Lycopodium selago. (LIN.) Juillet, août.

Roche-Sanadoire et Lac Guéry.

I. — Roche-Sanadoire.

Ranunculus platanifolius. (LIN.) Juin, juillet.
Meconopsis cambrica. (VI .) Juin, juillet.
Sisymbrium (Braya). (KOCH.) *pinnatifidum.* (D. C.) Juillet, août.
Rubus saxatilis. (LIN.) Pentes rocailleuses. Juin, juillet.
Rosa pimpinellifolia. Var. *mitissima.* (KOCH.) Mai, juin.
Rosa rubrifolia. (VILL.) Juin, juillet.
Sedum annuum. (LIN.) Juin, août.
Sempervivum arachnoideum. (LIN.) Juin, août.
Ribes petræum. (WOLF.) Bois pierreux. Mai, juin.
Saxifraga aizoon. (JACQ.) Juillet. août.
Meum mutellina. (GOERTN.) Juillet, août.
Libanotis montana. (ALL.) *Seseli* (G. G.) Juillet, août.
Lonicera alpigena. (LIN.) Juin.
Circium palustri erysithales. Bois. Juillet, septembre.
Crepis succisæfolia. (TAUSCH.) Juillet, août.
Hieracium pelleterianum. (D. C.) Mai, septembre.
Hieracium spicatum. (ALL.) *prenanthoides.* (G. G.) Juil., août.
Pulmonaria azurea. (BESS.) Mai, juin.
Pedicularis foliosa. (L N.) Juin, juillet.
Melampyrum sylvaticum. (LIN.) Juillet, août.
Thymus inodorus. (LECOQ.) Juin, septembre.

II. — Lac Guéry.

Helleborus viridis. (LIN.) Près du lac. Mars, avril.
Genista Delarbræi. (LAMOTTE.) Juillet, août.
Senecio doronicum. (LIN.) Juillet, août.

Carduus personnata. (JACQ.) Bois de sapins sous le lac. Juil., août.
Crepis grandiflora. (TAUSCH.) Juillet, août.
Pinguicula grandiflora. (LAM.) Juin, juillet.
Littorella lacustris. (LIN.) Juin, juillet.
Alisma natans. (LIN.) Juin, août.
Carex chordorrhiza. (EHRH.) Prairies des env. du lac. Mai, juin.
    — *limosa.* (LIN.)   —   —
Isoëtes lacustris. (LIN.) Fond du lac. Juillet, août.
    — *echinospora.* (GAY.) Espèce mêlée au *lacustris.* Juin, août.

La Croix Morand, Saint-Nectaire.

La Croix Morand.

Saxifraga aizoon. (JACQ.) Juillet, août.
Angelica pyrenæa. (SPRING.) Juillet, août.
Phyteuma hemisphericum. (LIN.) Sur le puy. Juillet, août.
Campanula linifolia. (LAM.) Juillet, août.
Swertia perennis. (LIN.) Marais. Juillet, septembre.
Salix lapponum. (LIN.)   —   Mai, juin.

Saint-Nectaire et environs.

Sinapis alba. (LIN.) Plaine des Arnats. Mai, juin.
Trifolium maritimum. (HDS.) Autour des sources. Juin, juil.
Potentilla rupestris. (LIN.) Rochers granitiques. Juillet, août.
Sempervivum arvernense. (LEC. LAM.) Roc. granit. Juil., août.
Orlaya grandiflora. (HOFFM.) Champ des Arnolds. Juin, août.
Buplevrum tenuissimum. (LIN.) Prés salés. Juin, août.

Taraxacum salsugineum. (LAMOTTE.) Juin, juillet.
Glaux maritima. (LIN.) Prés salés. Mai, juin.
Salvia œthiopis. (LIN.) Juin, juillet.
Plantago maritima. (DESF.) Juillet, septembre.
Triglochin palustre. (LIN.) Près des sources. Juin, août.
    —   *maritimum.* (LIN.)   —   Juin, août.
Goodyera repens. (LIN.) R. B. Juillet, août.
Juncus Gerardi. (LOIS.) Vallée. Juillet, août.
Œgilops triuncialis. (LIN.) Sous la tour Rognon. Juin, sept.
Chara crinita. (WALL.) Juin, août.

Mont-Dore.

Vallée des Bains.

Sedum annuum. (LIN.) Juin, août.
Rumex arifolius. (ALL.) Prairie. Juillet, août.
Equisetum sylvaticum. (LIN.) Mai, juin.

Marais de la Dore.

Pinguicula grandiflora. (LAM.) Juin, juillet.
Rumex arifolius. (ALL.) Prairie. Juillet, août.
Polygonum viviparum. (LIN.) Juillet, août.
Luzula Desvauxii. (G. G.) Juillet, août.

Val d'Enfer, au pied du Puy de L'Aiguiller.

Anemone alpina et sulfurea. (LIN.) Juin, juillet.
Arabis alpina. (LIN.) Mai, juillet.

Astrocarpus sesamoides. (D. C.) Rochers. Juin, juillet.
Dianthus cœsius. (SMITH.) Juillet, août.
Alsine verna. (BARTH) Juillet, septembre.
Cerastium alpinum. (LIN.) Juillet, septembre.
Spergula saginoides. (LIN.) Lieux humides. Juillet, septembre.
Trifolium pallescens. (SCHREB.) Rocailles. Juillet, août.
    —   *badium*. (SCHREB.) Pentes. Juillet, août.
Geum montanum. (LIN.) Juin, juillet.
Sedum annuum. (LIN.) Rochers. Juin, août.
    — *repens*. (SCH.) Rochers. Juin, juillet.
Saxifraga bryoides. (LIN.) Escarpements au-dessus du Val. Juillet, août.
Buplevrum longifolium. (LIN.) Pentes herbeuses. Juil., août.
Imperatoria ostruthium. (LIN.) *Peucedanum*. (G. G.) Juillet, août.
Erigeron alp'num. (LIN.) Juillet, août.
Picris crepoides. (SAU .) Pentes herbeuses. Juillet, août.
Hieracium aurantiacum. (LIN.) Pentes. Juillet, août.
Androsace carnea. (LIN.) Rochers. Juin. juillet.
Soldanella montana. (WILLD.) Gorges. Juin, juillet.
Veronica alpina. (LIN.) Juillet, août.
    — *saxatilis*. (JACQ.) Rochers. Juillet, août.
Salix herbacea. (LIN.) Au-dessus du Val, vers la Cheminée du Diable. Juin, juillet.
Phleum alpinum. (LIN.) Pentes. Juillet, août.
Avena versicolor. (VILL.) — Juillet, août.
    — *montana*. (VILL.) — Juillet, août.
Poa alpina. (LIN.) Juin, juillet.
Festuca nigrescens. (LAM.) Pentes. Juillet, août.

Vallée de la Cour, à côté du Val d'Enfer.

Anemone alpina. (LIN.)
Cardamine resedifolia. (LIN.) Au-dessus de la vallée. Juin, août.
Arenaria verna. (LIN.) *alsine*. (B RTH) Juillet, août.
Trifolium pallescens. (SCHREB.) Juillet, août.

Geum montanum. (Lɪɴ.) Pentes. Juin, juillet.
Rubus saxatilis ,Lɪɴ.) Juin, juillet.
Erigeron alpinum. (Lɪɴ) Juillet, août.
Senecio doronicum. (Lɪɴ.) Juillet, août.
Crepis grandiflora. (Tausch.) Juillet, août.
Veronica alpina. (Lɪɴ.) Juin, août.

Pic de Sancy.

Anemone alpina. (Lɪɴ.) Juin juillet.
Sisymbrium (D. C.) *braya.* (Koch) *pinnatifidum.* Juil., août.
Arabis alpina. (Lɪɴ.) Au ravin de la Craie. Mai, juillet.
Cardamine resedifolia. (Lɪɴ.) vɪr. *integrifolia.* Rochers de
      Cacadogne. Juillet, août.
Astrocarpus sesamoides. (D. C.) Débris de rochers. Juin, juil.
Silene rupestris. (Lɪɴ.) Pentes rocailleuses. Juillet, août.
Dianthus cœsius. (Smith.) Juillet, août.
Spergula saginoides. (Lɪɴ.) *Sajina saxatilis.* (Wimm.) Base
    de Sancy. Juillet, août.
Arenaria (Lɪɴ.) *alsine.* (Barth.) *verna.* Juillet, août.
Trifolium pallescens. (Schreb.) Juillet, août.
    — *badium.* (Schreb.) Juillet, août.
Rubus saxatilis. (Lɪɴ.) Pentes rocailleuses. Juin, juillet.
Sedum repens. (Schl.) Base de Sancy. Juin, septembre.
Sorbus chamæmespilus. (Crantz.) Au-dessus du ravin de la
    Craie. Juin, juillet.
Imperatoria ostruthium. (Lɪɴ.) *Peucedanum.* (G. G.) Juillet,
    août.
Meum mutellina. (Goertn.) Paccages élevés. Juillet, août.
Erigeron alpinus. (Lɪɴ.) Pelouses et rochers. Juillet, août.
Senecio doronicum. (Lɪɴ.) Juillet, août.
Leontodon pyrenaicum. (Gouan.) Juillet, août.
Hieracium aurantiacum (Lɪɴ.) Pentes. Juillet, août.
Androsace carnea. (Lɪɴ.) Pentes. Juin, juillet.
Soldanella montana. (Wild.) Juin, juillet.

Jasione humilis. (SERS.) Puy de la Perdrix. Août, septembre.
Veronica alpina. Pelouses en montant. Juillet, août.
Pedicularis foliosa. Rochers à Cacadogne. Juillet, août.
Polygonum viviparum. (LIN.) Juillet, août.
Empetrum nigrum. (LIN.) Juin, juillet.
Streptopus amplexifolius. (D. C.) Bois à la base du pic. Juin,
 juillet.
Luzula sudetica. (D. C.) Juin, juillet.
Carex vaginata. (TAUSCH.) Puy de la Perdrix. Juin, juillet.
Avena montana. (VILL.) Juin, août.
Festuca nigrescens. (LAM.) Juillet, août.

Chaudefour.

Anemone alpina. (LIN.) Pâturages. Juin, juillet.
Ranunculus platanifolius. (LIN.) Pentes herbeuses. Juin, juillet.
Meconopsis cambrica. (VIG.) Juin, juillet.
Silene rupestris. (LIN.) Juillet, août.
Arenaria verna. (LIN.) *alsine* (BARTH.) Juillet, septembre.
Cerastium alpinum. (LIN.) Paccages. Juillet, septembre.
Genista Delarbroei. (LEC et LAM.) Juillet, août.
Trifolium pal escens. (SCHREB.) Juillet, août.
     —   —   (SCHREB.) Pentes. Juillet, août.
Vicia orobus. (LIN.) Juin, juillet.
Geum montanum. (LIN.) Pentes. Juin, juillet.
Sedum fabaria. (KOCH.) Juillet, août.
Saxifraga penduliflora. (SERR.) Juin, juillet.
     — *exarata.* (VILL.) Sommet. Juillet, août.
Imperatoria ostruthium. (LIN.) *Peucedanum.* (G. G.) Ravins.
     Juillet, août.
Meum mutellina. (GOERTH.) Pentes. Juillet, août.
Buplevrum longifolium. (LIN.) Pentes herbeuses. Juillet, août.
Scabiosa lucida. (VILL.) Juillet, août.
Gnaphalium norwegicum. (GUMMER.) Pentes. Juillet, août.
Carduus personnata. (JACQ.) Rocher de la Malice. Juillet, août.

Carlina nebrodensis. (Guss.) Pentes de la vallée. Juillet, août.

Mulgedium alpinum. (Lessing.) Juillet. août.

Crepis grandiflora. (Tausch.) Juillet, août.

Hieracium aurantiacum. (Lin.) Juillet, août.

Campanula latifolia. (Lin.) Vallée, sud. Juillet, août.

Androsace carnea. (Lin.) Pentes. Juin. juillet.

Soldanella montana. (Wild.) Juin, juillet.

Gentiana verna. (Lin.) Vallée. Mai, Juin.

Veronica alpina. (Lin.) Juillet, août.

Pedicularis comosa. (Lin.) Juin, juillet.

Plantago alpina. (Lin.) Pelouses élevées. Juin, août.

Polygonum viviparum. (Lin.) Vallée. Juillet, août.

Empetrum nigrum. (Lin.) Sommet. Juin, juillet.

Salix lapponum. (Vill.) Juillet, septembre.

Juniperus nana. (Wild.) Pentes de la vallée. Juillet, septembre.

Streptopus amplexifolius (D. C.) Rocher de la Malice. Juin, juil.

Luzula Desvauxii. (G. G.) Pentes. Juillet, août.

Phleum alpinum. (Lin.) Pentes. Juillet, août.

Avena versicolor. (Vill.) Pentes. Juillet, août.

Poa alpina. (Lin.) Pentes. Juillet, août.

Equisetum sylvaticum. (Lin.) Vallée. Mai, juin.

Besse et environs.

Besse.

Camelina dentata. (Lin.) Champs de lin. Juillet, août.

Cuscuta epilinum. (Veihe.)   id.   Juillet. août.

Equisetum sylvaticum. (Lin.) Ravins près Besse. Mai, juin.

Lycopodium selago. (Lin.) A Vassivières. Juillet, août.

Lac Pavin.

Dentaria pinnata. (Lin.) Mai, juin.
Genista Delarbræi. (Lec et Lam.) Juillet, août.
Cineraria spathulæfolia. (Gmel). Mai, juin.

Lacs et Narses de Chambedaze et de l'Esclause.

Nymphæa alba. (Lin.) Juin, août.
Nuphar luteum. (Smith.)
Drosera intermedia. (Hayne.) Juin, juillet.
Cicuta virosa. (Lin.) Juillet, août.
Cineraria spathulæfolia. (Gmel.) Mai, juin.
Ligularia sibirica. (Cass.) Août.
Oxycoccos vulgaris. (G. G.) Juillet, août.
Andromeda polifolia. (Lin.) Mai, juin.
Utricularia minor. (Lin.) Narse. Juillet, août.
Alisma natans. (Lin.) Juin, août.
Orchis incarnata. (Lin.) Bords du lac. Juin, juillet.
Scheuchzeria palustris. (Lin.) Juin, juillet.
Potamogeton heterophyllum. (Schreb.) Juin, juillet.
Eriophorum gracile. (Koch.) Mai, juin.
Scirpus fluitans. (Lin.) Juillet, août.
Carex pauciflora. (Light.) Mai, juin.
— *chordorrhiza.* (Ehrh.) Mai, juin.
— *limosa.* (Lin.) Mai, juin.
— *filiformis.* (Lin.) Juin, juillet.
Lycopodium inundatum. (Lin.) Mai, juin.

Lacs de Bourdouze, de Montsineire et de Chauvet.

Andromeda polifolia. (Lin.) Narse. Mai, juin.
Littorella lacustris. (Lin.) Juin, juillet.

Alisma natans. (LIN.) Juin, août.
Orchis incarnata. (LIN.) Juin, juillet.
Carex filiformis. (LIN.) Narse. Juin, juillet.
Isoetes lacustris. (LIN.) Fond du lac. Juin, août.

Rochefort et environs.

Rochefort.

Hesperis matronalis. (LIN.) Bords de la Sioule. Mai, juin.
Sempervivum arachnoideum. (LIN.) Juin, août.
Gentiana cruciata. (LIN.) Ruines du château. Juillet, août.
Salix pentandra. (LIN.) Mai, juin.
Crocus vernus. (ALL.) Avril, mai.
Erythronium dens canis. (LIN.) A Lagrange. Avril, mai.

Bandane.

Biscutella Lamottei. (JORD.) Mai, juillet.
Vicia onobrychoides. (LIN.) Dans les seigles. Juin, août.
Geum rivale. (LIN.) Juin, juillet.
Knautia longifolia. (KOCH.) Juillet, août.
Hypochœris maculata. (LIN.) Juillet, août.
Gentiana cruciata. (LIN.) Prés secs. Juillet, août.
Littorella lacustris. (LIN.) Lac d'Aydat. Juin, juillet.
Luzula maxima. (D. C.) Mai, juin.
    — *nivea.* (D. C.) Juin, juillet.

Narse d'Espinasse à la base du Puy d'Enfer.

Geum rivale. (LIN.) Juin, juillet.

Epilobium palustre, var. *lavandulæfolium.* (Lec et Lam.)
    Juillet, août.
Ligularia sibirica. (Cass.) Août.
Oxicoccos vulgaris. (Pers.) Juin, juillet.
Salix pentandra. (Lin.) Mai, juin.
   — *repens.* (Lin.) Avril, mai.
Orchis incarnata. (Lin.) Juin. juillet.
Carex paniculata. (Lin.) Mai, juin.
   — *paradoxa.* (Wild.) Mai, juin.
Eriophorum gracile. (Koch.) Mai juin.
Carex limosa. (Lin.) Mai, juin.
   — *filiformis.* (Lin.) Juin, juillet.

Saint-Amant-Tallende et Saint-Saturnin.

Arabis turrita. (Lin.) Avril, mai.
Ruta graveolens. (Lin.) Juin, septembre.
Coronilla scorpioides. (Koch.) Mai, juin.
Turgenia latifolia. (Hoffm.) Mars, avril.
Inula montana. (Lin.) Juillet.
Carduus tenuiflorus. (Lin.) Juin, juillet.
Equisetum telmateia. (Lin.) Bords de la Monne. Avril, mai.
Petasites vulgaris. (Lin.)   —   —

Bois de la Roche et de Bussière, près Aigueperse et Randan.

Viola alba. (Besser.) Bois de la Roche. Avril.
   — *dumetorum.* (Lamotte.)   —   —
Polygala comosa. (Sehk.) Bois de Bussière. Mai.
Acer platanoides. (Lin.) Bois de la Roche. Avril, mai.
Peucedanum gallicum. (Pers.) Bois de Randan. Juillet, août.
Pyrethrum corymbosum. (Wild.) Bois de Bussière. Juil., août.
Gentiana cruciata. (Lin.) Juillet, août.

Lithospermum purpureo-cœruleum. (LIN.) Mai, juin.

Myosotis strigulosa. (REIB.) Bois de Bussière. Mai, juin.

Veronica teucrium. (LIN.) Juillet.

— *prostrata.* (LIN.) Juin.

Iris fœtidissima. (LIN.) Parc de Randan.

Epipactis rubra. (LIN.) Bois de Bussière. Juin, juillet.

Orchis galeata. (LAM.) Bois de Bussière. Mai, juin.

Ophrys muscifera. (HUDS.) Bois de Bussière et de la Roche. Mai, juin.

Goodyera repens. (R. BROW.) Près du parc. Juillet, août.

Carex tomentosa. (LIN.) Mai, juin.

Thiers et environs.

Nymphœa alba. (LIN.) Marais près de la Dore. Juillet, août.

Nuphar lutheum. (SMITH.) Marais près de la Dore. Juill., août.

Peucedanum gallicum. (PERS.) Juillet, août.

Cirsium anglicum. (LOB.) Prés, rochers. Juin, août.

Centaurea pectinata. (LIN.) A Saint-Rémy. Juin, août. (J. Gautier fils l'a trouvée aussi à Fort-Labrouque, montagne entre Vic-le-Comte et Issoire.)

Utricularia vulgaris. (LIN.) Etangs. Juin, juillet.

Scutellaria minor. (LIN.) Prés tourbeux. Juin, août.

Tulipa sylvestris. (LIN.) Vignes de Franséjour. Avril, mai.

Orchis laxiflora. (LAM.) Mai, juin.

Equisetum variegatum. (SCHLT.) Juin, juillet.

Chaîne des Montagnes du Forez.

La Flore de ces montagnes étant à peu près la même que celle des Monts-Dore et du Cantal, nous croyons inutile de la reproduire ici, nous bornant à donner comme spécimen la montagne de Pierre-sur-Haute, la plus élevée de la chaîne (1638 mètres de hauteur).

Pierre-sur-Haute, près d'Ambert.

Aconitum lycoctonum. (LIN.) Juillet, août.
   — *napellus*. (LIN.) Juillet, août.
Braya pinnatifida. (KOCH.) Juillet, août.
Thlaspi virgatum. (G. G.) Mai, juillet.
   — *alpestre*. (LIN.) Juin, juillet.
Acer pseudo-platanus. (LIN.) Juin, juillet.
Vicia orobus. (D. C.) Juin, juillet.
Sorbus chamæmespilus. (CRANTZ.) Au sommet. Juin. Juillet.
Epilobium virgatum. (FRIES.) Juillet, août..
Petasites albus. (GOERTN.) Mai, juin.
Senecio doronicum. (LIN.) Juillet, août.
Mulgedium plumieri. (D. C.) Juillet, août.
   — *alpinum*. (LESS.) Juillet, août.
Crepis succisæfolia. (TAUSCH.) Juillet, août.
   — *grandiflora*. (TAUSCH.) Juillet, août.
Vaccinium oxicoccos. (LIN.) Marais de la croix du Fossat. Juin, juillet.
Andromeda polifolia. (LIN.) Mai, juin.
Ramondia pyrenaica. (RICH.) Rochers de Chanchère, près la croix du Fossat. (N'a été trouvée qu'une seule fois.) Juin.
Pulmonaria azurea. (BESS.) Mai, juin.
Pedicularis foliosa. (LIN.) Juin, juillet.
Melampyrum sylvaticum. (LIN.) Juillet, août.
Rumex arifolius. (ALL.) var. *maximus*. (LEC. et L.) Juillet, août.
Allium victoriale. (LIN.) Juin, juillet.
Streptopus amplexifolius. (D. C.) Sommet. Juin, juillet.
Listera cordata. (P. BROWN.) Juin, juillet.
Lycopodium selago. (LIN.) Juillet, août.
   — *clavatum*. Juillet, septembre.

MONTAGNES DU CANTAL

La Flore de ces montagnes étant à peu près la même que celle des MONTS-DORE, nous avons considérablement réduit ces listes.

Le Plomb.

Anemone vernalis. (LIN.) Juin.
— *alpina*, et var. *sulfurea.* (LIN.) Juin, juillet.
Ranunculus Gouani. (WILLD.) Près du sommet. Juillet.
Arabis alpina. (LIN.) Mai, juillet.
Thlaspi alpestre. (LIN.) Juin, juillet.
Astrocarpus sesamoides. (D. C.) Pentes. Juin, juillet.
Silene cilia'a. (POURR.) Pentes au nord. Juillet, août.
Alsine verna. (BATT.) Juillet, septembre.
Dianthus cæsius. (SMITH.) Juillet, août.
Cerastium alpinum. (LIN.) Juillet, août.
Genista Delarbrœi. (LEC. et LAM.) Pentes. Juillet, août.
— *prostrata.* (LIN.) Sommet. Mai, juillet.
Geum montanum. (LIN.) Juin, juillet.
Sedum repens. (SCHL.) A Albepierre, Juin.
Saxifraga bryoides. (LIN.) Juillet, août.
Saxifraga exarata. (VILB.) Juillet, août.
— *aizoon.* (JACQ.) Sur les pentes. Juillet, août.
Imperatoria ostruthium. (LIN.) Juillet, août.
Meum mutellina. (GOERTN.) Juillet, août.
Gnaphalium norwegicum. (GONNER.) Pentes, Juillet, août.
Hieracium vogesiacum. (G. G.) Pentes et au sommet. Juil., août.
Phyteuma hemisphericum. (LIN.) Juillet, août.

Veronica alpina. (Lin.) Juillet, août.
Bartsia alpina. (Lin.) Juin, juillet.
Ajuga pyra nidalis. (Lin.) Juin, juillet.
Plantago alpina. (Lin.) Juin, août.
Rumex scutatus. (Lin.) Juin, juillet.
Empe rum nigrum. (Lin.) Pentes herbeuses. Juin, juillet.
Juniperus nana. (Willd.) Juillet, août.
Orchis globosa. (Lin.) Juin, août.
Luzula Desvauxii. (G. G.) Juillet, août.
— *spicata.* (D. C.) Juin, juillet.
— *sudetica.* (D. C.) Juin, juillet.
Eriophorum alpinum. (Lin.) Prés à Pra de Bouc. Juillet, août.
Carex polyrrhiza. (Walz.) Pentes. Juin, juillet.
Phleum alpinum. (Lin.) Pentes. Juillet, août.
Avena montana. (Vill.) Sommet. Juillet, août.
Poa alpina. (Lin.) Pentes. Juillet, août.
Festuca rhœtica. (Sut.) Juillet, août.
Lycopodium selago. (Lin.) Juillet, août.
— *clavatum.* (Lin.) Pentes du côté de Pra le Bouc. Juillet, septembre.

Bois du Lioran.

Cardamine resedifolia. (Lin.) Près des sources. Juillet, août.
Arabis alpina. (Lin.) Bords de l'Allagnon. Mai, juillet.
— *cebennensis.* (D. C.) Ravin de la Croix. Juin, août.
Cochlearia pyrenaica. (D. C.) près Lavaissière. Mai, juin.
Epilobium virgatum. (Fries.) Juillet, août.
— *trigonum.* (Schranx.) Juillet, août.
Circœa intermedia. (Ehrh.) Juillet, août.
Chrysosplenium alternifolium. (Lin.) Avril, mai.
Senecio cacaliaster. (Lam.) Bois. Juillet, août.
— *fuschii.* (Gmel.) Juillet, août.
Picris crepoïdes. (Sant.) Ravin de la Croix. Juillet, août.
Crepis lampsanoides. (Frœl.) — Juillet, août.
Phyteuma scorzoneræfolium. (G. G.) Mai, juin.

Pyrola secunda. (Lin.) Bois. Juillet, août.
Campanula latifolia. (Lin.) Juillet, août.
Calamintha grandiflora. (Moench.) Juillet, août.
Asarum europæum. (Lin.) Bois en montant. Juin, juillet.
Streptopus amplexifolius. (D. C.) Ravins. Juin, juillet.
Epipactis viridiflora. (Hoffm.) Bois. Juillet, août.
Neottia cordata. (Rich.) Bois. Juin, août.
Cirsium palustri-erisithales. (Næ gel.) Juillet, septembre.
Lunaria rediviva. (Lin.) Juin, août.
Mulgedium plumieri. (D. C.) Juillet, août.

Col de Cabre.

Sorbus chamæmespilus. (Crantz.) Juin, juillet.
Sempervivum arvernense. (Lec. et Lam.) Juillet, août.
— arachnoideum. (Lin.) Rochers. Juillet. août.
Meum mutellina. (Goertn.) Juillet, août.
Buplevrum longifolium. (Lin.) Juillet, août.
Carduus personata. (Jacq.) Vallée de Dienne. Juillet août.
Hieracium aurantiacum. (Lin.) Juillet, août.
— longifolium. (Schleich.) Août.
Pedicularis verticillata. (Lin.) Juillet, août.
Ajuga pyramidalis. (Lin.) Juin, juillet.
Juniperus nana. (Willd.) Juillet, août.
Orchis globosa. (Lin.) Sur le versant du côté du Lioran. Juin,
août.
Luzula sudetica. (D. C.) Juin, juillet.
Festuca Rhætica. (Sut.) Juillet, août.
— spadicea. (Lin.) Juillet août.
Lycopodium alpinum (Lin.) Puy de Bataillouse. Juin, août.
— clavatum. (Lin.) Juillet, septembre.

Puy Mary.

Anemone vernalis. (Lin.) Juin.
Draba aizoides. (Lin.) Roc du Merle en face Falgoux. Avr., mai.

Arabis alpina. (Lin.) Mai, juillet.
Dianthus cæsius. (Smith.) Juillet, août.
Silene rupestris. (Lin.) Juillet, août.
Alsine verna. (Bath.) Juillet, septembre.
Cerastium alpinum. (Lin.) Juin, août,
Genista Delarbræi. (Lec. et Lam.) Juillet, août.
Geum montanum. (Lin.) Juin, juillet.
Saxifraga bryoides. (Lin.) Juillet, août.
— *exarata.* (Vill.) Juillet, août.
Meum mutellina. (Gœrtn.) Juillet, août.
Gnaphalium norwegicum. Juillet, août.
Leontodon hastile. var. *alpinum.* (Lin.) Juin, octobre.
Hieracium piliferum. (Hopp.) Versant nord. Juillet, août.
— *vogesiacum.* (G. G.) Juillet, août.
— *prenanthoides* (G. G.) Juillet, août.
Phyteuma hemisphericum. (Lin.) Juillet, août.
— *halleri.* (All.) Juin, août.
Vaccinium vitis-idæa. (Lin.) Près du sommet. Juin.
Soldanella alpina. (Lin.) Juin, juillet.
Veronica alpina. (Lin.) Juillet, août.
Pedicularis comosa. (Lin.) Juin, août.
— *foliosa.* (Lin.) Juin, juillet.
Pedicularis verticillata. (Lin.) Pentes. Juillet.
Tozzia alpina. (Lin.) Pentes nord. Juin, juillet.
Ajuga pyramidalis. (Lin.) Juin, juillet.
Androsace carnea. (Lin.) Juin, juillet.
Plantago alpina. (Lin.) Juin, août.
Empetrum nigrum. (Lin.) Juin, juillet.
Juniperus nana. (Willd.) Juillet, août.
Orchis globosa. Juin, août.
Luzula Desvauxii. (G. G.) Juillet, août.
— *sudetica.* (D. C.) Juin, juillet.
— *spicata.* (D. C.) Juin, juillet.
Eriophorum alpinum. (Lin.) Juillet, août.
Carex polyrrhiza. Juin, juillet.
Phleum alpinum. (Lin.) Juillet, août.
Agrostis rupestris. Juillet, août.

Poa alpina. (LIN.) Juillet, août.

Festuca spadicea. (LIN.) Juillet, août.

Lycopodium selago. (LIN.) Juillet, août.

Environs d'Aurillac.

NOTA. — Les listes qui suivent nous ont été données par le frère Héribaud, professeur au pensionnat de Clermont, d'après ses propres herborisations et celles des botanistes dont les noms suivent et que nous avons indiqués par des abréviations.

FR. HER. ET GAT.	Frères Héribaud et Gatien.
AB. LAV.	Abbé Lavernhe.
FR. GUST.	Frère Gustave, (auteur de la Clef analyt.)
FR. BÉ.	Frère Béal.
FR. HÉ.-B.	Frère Héry-Benjamin.
DEST.	Destruel.
JORD. DE P.	Jordan de Puyfol.
AB. BR.	Abbé Brun.
AB. BÉ. ET GIB.	Abbés Béal et Gibiard.
AB. BR. ET BÉ.	Abbés Brun et Béal.
MALV.	Malvezin.
AB. SAL.	Abbé Salesse.
FR. HOR.	Frère Horrès.
LAM.	Lamotte.
A. THU.	Auguste Thuaire.
DE CAR.	De Carbonat.

Helleborus viridis. (LIN.) A Gazar. (FR. GUST.) Mars, avril.

Isopyrum thalictroides. (LIN.) La Condamine. (FR. GUST.) Mars. avril.

Hesperis matronalis. (Lin.) Environs d'Arpajon. (Jordan de Puyfol.) Juin.

Bunias erucago. (Lin.) Les 4 chemins. (Fr. Hér.) Juin, juillet.

Iberis amara. (Lin.) Les 4 chemins. (Fr. Gust.) Juin, octobre.

Capsella rubella. (Rent.) Bords des chemins. (Fr. Gust.) Juin, octobre.

Drosera intermedia. (Lin.) Les 4 chem. (Fr. Gust.) Mars, avr.

Dianthus superbus. (Lin.) St-Paul des Landes. (Malvezin.) Juillet, août.

Radiola linoides. (Gmel.) A Naucelles. (Fr. Gust.) Juill., août.

Geranium pheum. (Lin.) La Condamine. (Fr. Gust.) Mai, juin.

Elodes palustris. (Spach.) Les 4 chem. (Fr. Hér.) Juin, août.

Trifolium patens. (Schr.) Prairies d'Arpajon. (Jord. de P.) Juin, août.

Lathyrus nissolia. (Lin.) A Velzic. (Fr. Gust.) Mai, juillet.

— *sphœricus*. (Retz.) Champs. (Fr. Gust.) Mai, juin.

Mespilus germanica. (Lin.) La Condamine. (Fr. Gust.) Fl., mai, fr., septembre.

Sedum cepœa. (Lin.) Le long des haies. (Fr. Gust.) Juin, juil.

Cineraria spathulœfolia. (Gmel.) A Tivoli. (Fr. Hér. et A Thu.) Mai, juin.

Ligularia sibirica. (Cass.) St-Paul-des-Landes. (Lam.) Août.

Taraxacum palustre. (D. C.) Aurillac. (Fr. Gust.) Juin, sept.

Specularia hybrida. (D. C.) Champs. (Fr. Gust.) Juin, juillet.

Wahlembergia hederacea. (Rehb.) 4 chem. (Fr. Hér.) Juin, juil.

Erica tetralix. (Lin.) Pont d'Autre. (Fr. Hér.) Juin, septemb.

Primula grandiflora. (Lam.) Velzic. (Fr Gat.) Mars, avril.

— *variabilis*. (Goup.) Velzic. (Fr. Gat.) Mars, avril.

Chlora perfoliata. (Lin.) Côteaux calc. (Lam.) Juillet, août.

Gentiana ciliata. (Lin.) Bois de la Condamine (de Carbonat) Août, septembre.

Symphytum tuberosum. (Lin.) La Cond. Gazar. (Fr. Gust.) Août, septembre.

Veronica urticœfolia. (Lin.) Mondailles. (Fr. Hor.) Juin, Juil.

— *montana*. (Lin.) La Condamine. (Lam.) Mai, juin.

Phelipœa ramosa. (Mey.) Cornet. (Fr. Hér.) Août.

Orobanche picridis. (Sch.) Prairies. (Jord de P.) Juin.

Lamium incisum. (WILLD.) Haies. (FR. GUST.) Avril, mai.

Stachys palustris. (LIN.) Arpajon. (FR. GUST.) Juin, août.

Scutellaria minor. (LIN.) Les 4 chem. (FR. HÉR.) Juillet, août.

Globularia vulgaris. (LIN.) Tivoli. (FR. HOR.) Avril, juin.

Euphorbia chamœsyce. (LIN.) Arpajon. (JORD. DE P.) Juin.

Salix daphnoides. (VILL.) 4 chemins. (MALV.) Mars, avril.

Gagea lutea. (SCH.) La Condamine. (FR. GUST.) Avril, mai.

Narthecium ossifragum. (HUDS.) St-Paul-des-Landes. (MALV.)
Juillet.

Erythronium dens canis. (LIN.) Conros. (FR. GUST.) Mars, avr.

Asphodelus albus. (WILLD.) Tivoli. (FR. HÉR. et A. THU.) Mai,
juin.

Galanthus nivalis. (LIN.) Veyrac, Fabrègue. (FR. GUST.) février,
mars.

Spiranthes œstivalis. (RICH.) St-Paul des Landes. (MALVEZIN.)
Juillet, août.

— *autumnalis*. (RICH.) Cornet. (FR. HÉR.) Août, oct.

Epipactis pallens. (WILLD.) Çà et là. (FR. GUST.) Mai, juin.

Orchis ustulata. (LIN.) Velzic. (FR. GUST.) Mai, juin.

— *coriophora*. (LIN.) Sauzac. (FR. HÉR. et A. TH.) Mai, juin.

— *militaris*. (LIN.) La Condamine. (FR. GUST.) Mai, juin.

— *laxiflora*. (LAM.) Prairies de l'Hyppodrome. (FR. GUST.)
Mai, juin.

Juncus tenageia. (LIN.) Arpajon. (FR GUST.) Juillet, août.

Carex pulicaris. (LIN.) Nozerolles. (FR. GUST.) Mai, juin.

— *paniculata*. (LIN.) Aux 4 chemins. (FR. GUST.) Mai, juin.

Leersia oryzoides. (SOL.) Arpajon. (FR. GUST.(Mai, septemb.

Canton de Maurs.

Ranunculus divaricatus. (SCHR.) Leynhac. (FR. HÉR.) Juin,
août.

Nymphœa alba. (LIN.) Et var. *minor*. Trioulou. (FR. GUST.)
Juin, août.

Brassica nigra. (Koch.) St-Santin, St-Constant. (Fr. Hér. et Gat) Juin, août.

Hesperis matronalis. (Lin.) Bords du Célé. (Fr. Hér.) Juin.

Arabis turrita. Bagnac et Maurs. (Jord. de P.) Mai, juin.

Dentaria pinnata. (Lamk.) Bois noir. (Fr. Hér.) Avril. mai.

Draba muralis. (Lin.) Bois à Maurs. (Jord. de P.) Mai, juin.

Bunias erucago. (Lin.) A Lauressergues. (Fr. Hér.) Juin, juil.

Iberis amara. (Lin.) St-Santin. (Fr. Her. et Béal.) Juin, oct.

Capsella rubella. (Reut.) Maurs. (Fr. Hér.) Mars, avril.

Viola dumetorum. (Jord.) Pradeyrols. (Fr. Hér.) Avril, mai.

Polygala calcarea. (Schult.) St-Santin. (Fr. Hér. et Gat.) Mai, juin.

Silene gallica. (Lin.) Boisset, St-Constant. (Fr. Hér. et Gat.) Juin, juillet.

— *armeria.* (Lin.) Au Trioulou. (Fr. Hér. et B.) Juil., août.

Lychnis coronaria. (Lamk.) Bois de la Carrière. (Fr. Hér.)

Saponaria ocymoides. (Lin.) Bords du Célé. (Fr. Hér.) Mai, juin.

Gypsophila muralis. (Lin.) Boisset. (Fr. Hér.) Juillet, août.

Dianthus graniticus. (Jord.) Gorge de Toursac. (Fr. Hér.) Juin, juillet.

Linum gallicum. (Lin.) Maurs, Trioulou. (Fr. Gust.) Juin, juil.

— *tenuifolium.* (Lin.) St-Santin. (Fr. Hér.) Juin, juillet.

— *angustifolium.* ((Huds.) Boisset. (Fr. Hér. et Béal.) Juin, juillet.

— *limanense.* (Lam.) St-Santin. (Jord. de P.) Mai, juillet.

Atlhœa officinalis. (Lin.) Bords du Célé. (Fr. Hér.) Juin, août.

Geranium nodosum. (Lin.) Toursac. (Fr. Hér.) Juin, juillet.

— *sanguineum.* (Lin.) Montmurat. (Fr. Hér. et Gat,) Juin, septembre.

Hypericum pulchrum. (Lin.) Toursac. (Fr. Hér.) Juin, août.

Elodes palustris. (Spach.) Fossés à Maurs. (Fr. Hér. et Béal.) Juin, août.

Oxalis stricta. (Lin.) Trioulou. (Fr. Hér. et Gat.) Juin, septemb.

— *corniculata,* (Lin.) Maurs, Trioulou. (Fr. Gust.) Juin, septembre.

Ulex nanus. (Sut.) Bagnac à Montmurat. (Fr. Hér. et Gat.) Juin, octobre.

Adenocarpus commutatus. (Guss.) Boisset, Maurs. (Fr. Hér.) Mai, juillet.

Ononis natrix. (Lin.) St-Santin. (Fr. Hér.) Juin, juilet.

— *columnæ*. (All.) St-Santin, Montmurat. (Fr. Hér.) Mai, juillet.

Trigonella monspeliaca. (Lin.) Gratacap. (Fr. Hér.) Juin, juil.

Lotus diffusus. (Sm.) Boisset. (Fr. Hér.) Mai, juillet.

— *tenuifolius*. (Rechb.) St-Santin. (Fr. Hér. et Béal.) Juin. août.

Colutea arborescens. Montmurat. (Fr. Hér.) Mai, juin.

Vicia tetrasperma. (Moench.) Boisset. (Fr. Hér.) Mai, juillet.

Ervum ervilia. (Lin.) St-Santin et Montmurat. (Mal.) Juin, juil.

Orobus niger. (Lin.) Bois de Toursac. (Fr. Hér.) Mai, juillet.

Lathyrus sphæricus. (Retz.) St-Constant. (Fr. Hér.) Mai, juin.

Coronilla emerus. (Lin.) Maurs. (Jord. de P.) Avril, juin.

— *minima*. (Lin.) St-Santin, Montmurat. (Fr. Hér. et Béal.) Avril, mai.

— *scorpioides*. (Koch.) St-Santin, Montmurat. (Fr. Hér. et Gat.) Mai, juin.

Hippocrepis comosa (Lin.) Montmurat. (Fr. Béal.) Avril, juin.

Onobrychis supina. (D. C.) Gratacap. (Fr. Hér. et Bé.) Juin, juil.

Spiræa filipendula. (Lin.) Trioulou, St-Santin. (Fr. Hér.) Juin, juillet.

Mespilus germanica. (Lin.) Bois noir, près Boisset. (Fr. Hér.) Fl. mai ; fr. septembre.

Cydonia vulgaris. (Pers.) Pradeyrols. (Fr. Hér. et Gat.) Fl. mai ; fr. septembre.

Sorbus torminalis. (Cr.) Rochers de Cabran. (Fr. Hér.) Fl. mai ; fr. septembre.

Isnardia palustris. (Lin.) Pr. des Gouttes. (Fr. Hér. et Gat.) Juillet, août.

Lythrum hyssopifolia. (Lin.) Bois de Vert. (Fr. Gust.) Mai, sept.

Polycnemum arvense. (Lin.) Plaine de l'Estrade. (Fr. Hér.) Juillet, septembre.

Sedum micranthum (Basl.) Sables du Célé. (Fr. Hér.)

Sedum anopetalum. (D. C.) Gratacap. (Fr. Gust.) Juillet, août.

Orlaya grandiflora. (HOFFM.) Montmurat. (FR. HÉR. et GAT.) Juin, août.

Turgenia latifolia. (HOFFM.) St-Santin. (FR. HÉR. et BÉAL.) Juin, août.

Peucedanum cervaria. (LAP.) St-Santin. (FR. HÉR. et BÉAL.) Juillet, août.

Pastinaca pratensis. (JORD.) St-Santin. (FR. HÉR. et GAT.) Juillet, août.

Silaus pratensis. (BESS.) Trioulou. (FR. HÉR. et GAT.) Juil. août.

Seseli montanum. (LIN.) Gratacap. (FR. HÉR. et B.) Août, sept.

Fœniculum officinale. (ALL.) St-Santin. (FR. HÉR.) Juil. août.

Buplevrum aristatum. (LIN.) St-Santin. (FR. HÉR.) Juil. août.

Hydrocotyle vulgaris. (LIN.) Etang du Trioulou. (FR. HÉR. et GAT.) Juillet, août.

Cornus mas. (LIN.) St-Santin. (FR. HÉR. et B.) Fl. mai; fr. sep.

Rubia peregrina. (LIN.) Montmurat. (FR. HÉR. et B.) Mai, juin.

Valeriana calcitrapa (LIN.) Montmurat. (FR. HÉR et B.) Mai juin.

Valerianella coronata. (D. C.) St-Santin. (JORD. DE P.) Juin, août.

Inula graveolens. (DESF.) Boisset, Maurs. (FR. HÉR.) Août, sept.

Gnaphalium luteo-album. (LIN.) Maurs. (FR. GUST.) Juil. août.

Filago gallica. (LIN.) Maurs, Trioulou. (FR. GUST.) Juil. août.

Carduus nigrescens. (THUIL.) Montmurat. (FR. HÉR.) Juin, juil.

Centaurea pratensis. (THUIL.) Montmurat. (FR. HÉR.) Juil. août.

— *pectinata*. (LIN.) Rochers de Cabran. (FR HÉR. et BÉAL,) Juillet, août.

Carlina acanthiflora. (ALL.) St-Santin. (FR. HÉR. et GAT.) Juillet, août.

Xeranthemum inapertum. (WILLD.) Gratacap. (FR. HÉR.) Juin. juillet.

— *cylindraceum*. (SMITH.) Gratacap. (FR. HÉR.) Juin, juillet.

Taraxacum palustre. (D. C.) Prairies de St-Santin. (FR. HÉR. et GAT.) Juin, septembre.

Lactuca perennis. (LIN.) Montmurat. (FR. HÉR.) Mai, juillet.

Pterotheca sancta. (LORET.) St-Santin. (FR. HÉR.) Mai, juin.

Lobelia urens. (LIN.) Trioulou. (FR. HÉR. et G.) Juillet, août.

Wahlenbergia hederacea. (REHB.) Pradeyrols. (FR. HÉR.) Juin, juillet.

Anagallis tenella. (LIN.) mêlé au précédent, Pradeyrols. (FR. HÉR. et GAT.) Juillet, août.

Chlora perfoliata. (LIN.) Montmurat. (FR. HÉR. et B.) Juil. août.

Gentiana ciliata. (LIN.) St-Santin. (FR. HÉR. et GAT.) Août, sept.

Symphytum tuberosum. (LIN.) Maurs, St-Julien. (FR. HÉR.) Août, septembre.

Pulmonaria azurea. (BESS.) Quézac. (FR. HÉR.) Mai, juin.

Echinospermum lappula. (LELM.) Puy de St-Santin. (FR. HÉR.) Juil. août.

Physalis alkekengi. (LIN.) St-Santin. (ABBÉ BÉAL.) Juin, juillet.

Linaria élatine. (MILL.) Maurs. (ABBÉ SALESSE.) Juin, octobre.

— *pelisseriana.* (D. C.) Maurs. (JORD. DE P.) Mai, sept.

Veronica prostrata. (LIN.) St-Santin. (JORD. DE P.) Juin.

— *acinifolia.* (LIN.) Cabran. (FR. HÉR.) avril, mai.

Odontites lutea. (REHB.) St-Santin. (FR. HÉR et BÉAL.) Juil., sep.

Orobanche cruenta. (BERT.) Maurs. (JORD DE P.) Juin, juillet.

Melissa officinalis. (LIN.) Boisset. (FR. Hér. et BÉAL.) Juin, août.

Lamium incisum. (WILLD.) Maurs. (FR. HÉR.) Avril, mai.

Globularia vulgaris. (LIN.) St-Santin. (FR. BÉAL.) Avril, juin.

Chenopodium botrys. (LIN.) Montmurat. (FR. HÉR.) Juil., sep.

Polygonum bellardi. (ALL.) St-Santin. (FR. HÉR.) Avr., septem.

Passerina annua. (SPRENG.) Trioulou. (FR. HÉR. et GAT.) Juillet, août.

Salix incana. (LIN.) Gorges de Toursac. (FR. HÉR.) Mai, avril.

Anthericum ramosum. (LIN.) Montmurat. (FR. HÉR. et BÉAL.) Juin, juillet.

Asphodelus albus. (WILLD.) Boisset. (FR. HÉR. et GAT.) Mai, juin.

Ruscus aculeatus. (LIN.) Montmurat. (FR. HÉR. et BÉAL.) Mai, avr.

Gladiolus segetum. (GAW.) Maurs. (JORD. de P.) Mai, juin.

Spiranthes æstivalis. (RICH.) Leynhac. (FR. BÉAL.) Juillet, août.

Cephalanthera rubra. (RICH.) Montmurat. (FR. HÉR.) Juin, juil.

Epipactis microphyllum. (SW.) Montmurat. (FR. GUST.) Juin, juil.

Limodorum abortivum. (SW.) St-Santin. (FR.. et GAT.) Mai, juil.

Serapias lingua. (LIN.) Boisset, St-Constant. (FR. BÉAL et GUST.) Mai, juin.

Orchis ustulata. (LIN.) Fau-Haut. (FR. HÉR.) Mai, juin.

— *coriophora.* (LIN.) Lavergne. (FR. HÉR.) Mai, juin.

— *fusca.* (JACQ.) St-Sautin. (FR. HÉR. et GAT.) Mai, juin.

— *laxiflora.* (LAM.) Pradeyrols. (FR. HÉR.) Mai, juin.

Arum italicum. (MILL.) Montmurat. (FR. HÉR. et GAT.) Avr., mai,

Sparganium minimum. (FRIES,) Trioulou. (FR. HÉR. et GAT.) août.

Juncus tenageia. (LIN.) Trioulou. (FR. HÉR. et BÉAL.) Juin, août.

Cyperus flaveseens. (LIN.) Lavergne. (FR. HÉR.) Juillet, août.

Scirpus fluitans. (LIN.) Etang du Trioulou. (FR. GUST.) Juil., sep.

Carex gynobasis. (VILL.) St-Santin. (FR. HER. et GAT.) Mai, août.

Leersia oryzoides. (LIN.) Bords du Célé. (FR. HER. et BEAL.)
Mai, juin.

Anthoxanthum puelii. (LEC. et LAM.) Lamartinelle. (Abbé LA-
VERNHE.) Juin, juillet.

Digitaria flliformis. (KOEL.) La Rance. (FR. HER.) Juil., sept.

Gastridium lendigerum. (GAUD.) Maurs. (FR. GUST.) Mai, juillet.

Festuca rigida. (KUNTH.) Montmurat. (FR. HER et BEAL.) Mai, juin

Œgilops triuncialis. (LIN.) St-Santin. (FR. HER.) Juin.

Brachypodium distachyon. (ROEM. et SCH.) Gratacap. (FR. HER.)
Mai, juin.

Osmunda regalis. (LIN.) Bords de la Rance et du Célé. (FR.
HER. et GAT.) Mai, septembre.

Polystichum oreopteris. (D. C.) Trioulou. (FR. HER.) Juil., août.

Asplenium halleri. (D. C.) Gorges de Toursac. (FR. HERY-B.)
Eté.

— *breynii.* (RÉTZ.) La Martinelle. (FR. HER.) Eté.

Scolopendrium officinale. (LIN.) Califouère. (FR. GAT. et HER.) Eté.

Blechnum spicant. (ROTH.) Roc des Fées. (FR. HER. et GAT.)
Juin, août.

Adianthum capillus-veneris. (LIN.) Font. de Montmurat. (DES-
TRUEL.) Juin, juillet.

Canton de Montsalvy.

Arabis turrita. (LIN.) Rochers des bords du Lot. (Fr. HÉR. et
GAT.) Mai, juin.

Bunias erucago. (Lin.) Vieillevie. (Fr. Hér. et Gat.) Juin, juil.

Cistus salvifolius. (Lin.) Gorges du Don. (Abbé Lav., Fr Her. et Gat.) Avril, mai.

Lychnis coronaria. (Lam.) Vieillevie. (Fr. Hér. et Gat.) Juin.

Saponaria ocymoides. (Lin.) Bords du Lot. (Fr. Hér. et Gat.) Mai, juin.

Androsœmum officinale. (All.) St-Projet. (Abbé Lav.) Mai, juin.

Elodes palustris. (Spach.) Source du Célé. (Abbé Lav.) Juin, août.

Vitis vinifera. (Lin.) Naturalisée dans les gorges du Don. (Ab. Lav. Mai, juin.

Oxalis corniculata. (Lin.) Saint-Projet (Fr. Her. et Gat.) Juin, septembre.

Adenocarpus commutatus. (Guss.) Gorges du Don. (Ab. Lav.) Mai, juillet.

Coronilla emerus. (Lin.) Bords du Lot. (Fr. Her. et Gat.) Mai, juin.

Rubia peregrina. (Lin.) Bords du Lot. (Fr. Her. et Gat.) Mai, juin.

Leucanthemum palmatum. (Lam.) Bords du Lot. (Fr. Her. et Gat.) Juin, juillet.

Anthemis montana. (Lin.) Gorges du Don. (Ab. Lav.) Mai, juil.

Centaurea pectinata. (Lin.) Gorges du Don. (Ab. Lav. et Fr. Gat.) Juillet, août.

Erica tetralix. (Lin.) Env. de Montsalvy. (Ab. Lav.) Juin, sep.

Vinca major. (Lin.) Rochers de Vieillevie. (Fr. Her. et Gat.) Mai, juin.

Symphytum tuberosum. (Lin.) Saint-Projet. (Fr. Her. et Gat.) Août, septembre.

Pulmonaria azurea. (Bess.) Gorges du Don. (Fr. Her. et Gat.) Mai, juin.

Chenopodium Botrys. (Lin.) Vieillevie. (Jord. de P.) Juil., août.

Salix incana. (Schr.) Bords du Lot. (Fr. Her. et Gat.) Mars, avril.

Narthecium ossifragum. (Huds.) Montsalvy. (Ab. Lav.) Juillet.

Anthericum bicolor. (Desf.) Montsalvy. (Ab. Lav.) Mai, juin.

Asphodelus albus. (Willd.) Gorges du Don. (Ab. Lav.) Mai, juin.

Ruscus aculeatus. (LIN.) Vieillevie. (FR. HER. et GAT.) Mars, av.

Serapias lingua. (LIN.) Lachourlie. (AB. LAV.) Mai, juin.

Ophrys pseudo-speculum. (D. C.) Saint-Santin. (FR. HER. et GAT.) Avril, juin.

Orchis ustulata. (LIN.) Pradeyrols. (FR. HER. et G.) Mai, juin.

    — *coriophora*. (LIN.) Boisset. (Fr. HER.) Mai, juin.

    — *fusca*. (JACQ.) St-Santin. (FR. HER.) Mai, juin.

    — *laxiflora*. (LAM.) Pradeyrols. (Fr. HER.) Mai, juin.

Asarum italicum. (MILL.) St-Santin. (FR. HER. et GAT.) Avr., mai.

Sparganium minimum. (FRIES.) Trioulou. (FR. HER et GAT.) Août.

Juncus tenageia. (LIN.) Trioulou. (FR. HER.) Juillet, août.

Cyperus flavescens. (LIN.) A Lavergne. (FR. HER.) Juillet, août.

Scirpus fluitans. (LIN.) Trioulou. (FR. GUST.) Juillet, septemb.

Carex gynobasis. (VILL.) St-Santin. (FR. HER. et GAT.) Mars, avr.

Leersia orysoides. (Sw.) Bords du Célé. (FR. HER. et BEAL.) Mai, juillet.

Anthoxanthum puehi. (LEC. et LAM.) Lachourlie. (Abbé LAV.) Juin. juillet.

Digitaria filiformis. (KOEL.) Sables de la Rance. (FR. HER.) Juillet, octobre.

Gastridium lendigerum. (GAUD.) Maurs. (FR. GUST.) Mai, juin.

Festuca rigida. (KUNTH.) Montmurat. (FR. HER.) Mai, juin.

Œgilops triuncialis. (LIN.) St-Santin. (FR. HER.) Juin.

Osmunda regalis. (LIN.) Bords de la Rance. (FR. HER et GAT.) Mai, juin.

Polystichum oreopteris. (D. C.) Trioulou. (FR. HER. et BEAL.) Juillet, août.

Asplenium halleri. (D. C.) Vieillevie. (FR. HER. et GAT.) Juin, juil.

    — *lanceolatum*. (SMITH.) Gorges du Don. (FR. HER. et GAT.) Mai, septembre.

    — *Breynii*. (KELZ.) Boisset. (FR. HER.) Eté.

Scolopendrium officinale. (SM.) Callifouhère. (FR. GAT., HER.) Eté.

Adianthum capillus veneris. (LIN.) Montmurat. (DESTRUEL.) Juin, juillet.

Lycopodium clavatum. (LIN.) La-Capelle-del-Fraisse. (Abbé LAV.) Eté.

Canton de Pleaux.

Ranunculus Lenormandi. (Sch.) Marais. (Ab. Br.) Avril, sep.

Bunias erucago. (Lin.) Cultures. (Ab. Bé. et Gib.) Juin, juillet.

Drosera intermedia. (Hay.) Marais. (Ab. Br.) Juin, juillet.

Silene gallica. (Lin.) Cà et là. (Ab. Br. et Beal) Mai, juin.

Alsine mucronata. (Lin.) Pâturages. (Ab. Br.) Mars, avril.

Hypericum linearifolium. (Vahl.) Côteaux. (Ab. Bé.) Mai, juin.

Androsæmum officinale. (All.) Lieux frais. (Ab. Br.) Mai, juin

Elodes palustris. (Spach.) Fossés. (Ab. Bé. et Gib.) Juin, août.

Acer monspessulanum. (Lin.) Bois des Estourocs. (Ab. Br. et Beal.) Mars, avril.

Orobus tenuifolius. (Roth.) Pâturages. (Ab. Bé.) Avril, mai.

Mespilus germanica. (Lin.) Bois. (Ab. Bé.) Mai.

Circœa intermedia. (Ehrh.) Bois des Estourocs. (Ab. Bé. et Gibiard.) Juillet, août.

Hydrocotyle vulgaris. (Lin.) Marais. (Ab. Br. et Bé.) Juillet, août.

Rubia peregrina. (Lin.) Bois des Estourocs. (Ab. Br.) Juin, juillet.

Hyppochœris glabra. (Lin.) Terr. vagues. (Ab. Br.) Mai, juin.

Barkausia setosa. (Hall.) Çà et là. (Ab. Bé. et Br.) Juin, juil.

Hieracium ovalifolium. (Jord.) Rochers. (Ab. Br.) Juin, sept.

Myosotis Balbisiana. (Jord.) Pelouses. (Ab. Br.) Mai.

Atropa belladona. (Lin.) Bois des Estourocs. (Ab. Bé. et Br.) Juin, juillet.

Euphorbia angulata. (Jacq.) Pâturages. (Ab. Br.) Mai, juin.

Narthecium ossifragum. (Huds.) Bruyères. (Ab. Bé. et Gib.) Juillet.

Erythronium dens canis. (Lin.) Bois. (Ab. Bé. et Gib.) Mars, avril.

Ruscus aculeatus. (Lin.) Bois des Estourocs. (Ab. Br. et Bé.) Mars, avril.

Epipactis latifolia. (All.) Lieux frais. (Ab. Br.) Juillet, août.

— *palustris.* (Cr.) Marais. (Ab. Br. et Bé.) Juin, juillet.

Orchis coriophora. (Lin.) Prairies. (Ab. Br., Bé. et Gib.) Mai, juin.

Juncus tenageia. (Lin.) Prairies humides. (Ab. Br.) Mai, juin.

Eleocharis multicaulis. (Dutr.) Marais. (Ab. Bé. et Br.) Juin,

Rhynchospora fusca. (Rœm.) Marais. (Ab. Br.) Juin, juillet.

Carex pulicaris. (Lin.) Prairies. (Ab. Bé. et Br.) Mai, juin.

— *Briz.* (Lin.) Bois. (Ab. Br.) Mai, juin.

— *lævigata*. (Smith.) Bois des Estourocs. (Ab. Br. et Bé.)

Leersia oryzoides. (Sw.) Bords des ruisseaux. (Ab. Bé., Br. et Gib.) Août et septembre.

Elymus europœus. (Lin.) Bois des Estourocs. (Ab. Br. et Bé. Juin, juillet.

Osmunda regalis. (Lin.) Bois des Estourocs. (Ab. Br., Bé. et Gib.) Mai, septembre.

Asplenium halleri. (D. C.) Bois des Estourocs. (Ab. Bé. et Br.) Eté.

Lycopodium clavatum. (Lin.) Bruyères. (Ab. Br. et Bé.) Eté.

OBSERVATIONS

L'impression de ces listes n'a été décidée que dans le mois de juillet, et le cadre étroit dans lequel elles ont dû être circonscrites a nécessité de nombreuses éliminations, d'où il résulte que, voulant soumettre cet opuscule au Congrès et pressé par le temps, on n'a pu lui donner tous les soins qu'il aurait exigé.

On fait donc appel à l'indulgence des lecteurs pour les erreurs qui ont pu échapper tant dans la rédaction que dans l'impression de ces listes.

HAUTEURS AU-DESSUS DU NIVEAU DE LA MER

	mèt.		mèt.
Royat, à la grotte,	490	La Croix Morand,	1513
— sur la place,	510	St-Nectaire d'en haut,	784
Puy de Montaudoux,	591	Bains du Mont-Dore,	1050
— de Gravenoire,	822	Cascade du Serpent,	1776
— de Chateix,	600	Vallée de la Cour,	1292
Fontanat (village),	780	Pic de Sancy,	1887
Puy de Montrodeix,	919	Besse,	1039
Pic de Prudelles,	691	Lac de l'Esclause,	1076
La Baraque, (hameau),	780	— Pavin,	1197
Puy de Dôme,	1468	Vassivière,	1213
Petit Puy de Dôme,	1268	Lac Chauvet,	1166
Profondeur du Nid de la Poule,	70	— de Montsineyre,	1174
Puy de Pariou,	1215	— de Bourdouze,	1170
Profondeur du cratère,	94	Eglise-Neuve,	
Puy de Côme,	1264	Laschamps, (village),	994
Pontgibaud, sur le pont,	661	— (Puy),	1271
Clermont-Fd, place de Jaude,	384	Randane,	964
— haut de la ville,	410	Puy de l'Enfer, à la base duquel	
Puy de Chanturgues,	557	est la narse d'Espinasse,	1089
Les Côtes de Clermont,	629	Lac d'Aydat,	842
Durtol, (village),	534	Rochefort,	860
Puy de Chanat,	928	Laqueuille,	1013
Puy de la Poix,	337	St-Saturnin,	512
— de Crouël,	428	Thiers,	300
Puy Long,	447	Ambert,	538
Puy d'Anzelle,	534	Pierre-sur-Haute,	538
Pont-du-Château, (plateau),	370		
— (sur le pont),	315		
Bellerive, bords de l'Allier,	332		
Gondolle,	342		
Martres-de-Veyre,	406		
Puy de Corent, (le plateau),	570		
— (le grand cône),	621		
Lezoux,	337		
Marais de Cœur,	336		

MONTS DORES

	mèt.
Le Capucin,	1430
Cascade de la Vernière,	903
Plateau de Bozat,	1398
La Roche Sanadoire,	1290
Lac Guéry,	1264

CANTAL

	mèt.
Le Plomb,	1858
Le Lioran,	1250
Col de Cabre,	1686
Puy Mary,	1787
Aurillac,	622
Maurs,	286
Montsalvy	830
Pleaux,	631

Nota. — Ces hauteurs ayant été prises dans des cartes et ouvrages qui varient entr'eux, on ne peut en garantir l'exactitude rigoureuse.

TABLE DES MATIÈRES

Clermont-Ferrand. — Typ. P. PETIT, place de Treille, 3.

CLERMONT-FERRAND. — IMP. P. PETIT, PLACE DE LA TREILLE, 3.